横浜港の七不思議——象の鼻・大桟橋・新港埠頭

田中祥夫

JN284366

有隣堂発行　有隣新書——65

まえがき

港町ヨコハマは若い都市である。生まれて一四八年の歩みしかない。つまり、それ以前の日本歴史にこの港町は存在しない。都市横浜の若さを浮き彫りにするような古都の話を、司馬遼太郎さんが書いている(『歴史を紀行する』)。京の西本願寺に菓子のご用聞きにくる青年と仲よくなって、次のような会話をしている。

「いつごろから菓子を売りにきているの」と……きいてみたところ、天正時代からどす、

といわれたのにには息がとまるおもいがした。三百数十年前、戦国のたけなわのころである。いま世間で人気の信長の時代から暖簾がつづいているのだから、司馬さんが「息がとまるおもい」というのもわかる気がする。

先日、私はこのお菓子屋さんを西本願寺で教えてもらった。門前に構える御供物司だった。応永年間(一三九四―一四二八)の創業で五百余年の歴史がある。代々本願寺に出入り、天正のとき同寺とともに現在地に移って四百余年になるとのこと。信長と石山本願寺との争いのさなかに兵糧がわりにつくられたという菓子が、店頭にならべられてあった。古都のこの供物司の由緒を聞いていると、横浜の歴史の浅さがきわだってくる。

さて、港都横浜は、建都一二〇〇年を迎えたこの京都や五〇〇年を歩んだ東京などとちがい、

幕末に新しくつくられた街である。このような都市に、不思議なことなどないのではないか、と思われるかも知れない。特に横浜港は日本を代表する港だからすでに調べも進んでいるはず、と考えられがちである。だが、港の実際については、まだ私たちが奇異に感じたり、ちょっと首をかしげたくなったりすることがいろいろある。

たとえば、横浜港は貿易港として開かれたわけだが、肝心な貿易船は三十五年間も岸壁に横づけできなかった、というと驚く人もいよう。その間、外国船は入港してもはるか沖合に停泊するだけ。そこから陸までは船頭の腕と小船（ハシケ、艀）がたより。これが日本の玄関といわれた港の実態だった。なぜこんなことになったのだろう。横浜築港の不思議である。

ようやく、大型船が横づけできる埠頭が完成する(明治二十七年)。現在、横浜港のシンボル的存在・大桟橋の前身である。この埠頭にもあまり知られていない事実がある。その工事は、アメリカ合衆国から「ある金」が送られてきたのをきっかけに着手された。ある金とは、幕末の下関事件で我が国がイギリス、アメリカなど四か国に支払った賠償金のうち、アメリカの分だ。どんな事情があってこんなことが実現したのか、大桟橋の不思議である。

明治政府はスタートしたものの内憂外患がつづいた。当然のことながら新政府の台所は火の車。近代港湾など大プロジェクトを手がける余裕はなかった。せっかく提案されたいくつもの築港プランも具体化されないまま次々とオクラ入り。こんな状況のなか、明治十六年（一八八三)、アメリカから下関賠償金が返される。これを資金に横浜築港は動き出す。

この賠償金返還という異例な出来事が実現した陰に、ひとりのアメリカ人がいた。南北戦争の英雄として有名なグラント将軍だ。グラントは大統領を二期八年つとめる。この間、賠償金を返すべきだと、しばしば連邦議会を喚起する。だが、議員の関心はうすい。結局、返還が実らぬまま任期を終える。その後も彼は「強奪した金を返そう」と訴えつづけた。

明治十二年(一八七九)、グラントは来日する。このときの大歓迎ぶりから過剰接待と悪評たかい、あのグラント訪日である。実は、このとき彼は岩倉具視《ともみ》(右大臣)に「当期議院にて是非議決」を、と約して帰国していた。連邦議会上下両院が「日本償金」の返還を議決するのは、それから三年余りのち(明治十六年)のことである。


かなり前だが、横浜市役所の広報誌『市民グラフ ヨコハマ』が、「ミナト百科」特集(三六号)を組んだことがある。なかに、港湾業界からみた通関手続きなどの「港の七不思議」という記事がある。私は埠頭やドックなどを主に、次の七つの謎を考えた。それぞれについて簡潔に説明しておく。
①「象の鼻」の不思議
大桟橋の根元に通称「象の鼻」といわれる小さな波よけ(波除堤)がある。これは開港時につくられた波止場(二つの突堤)のうち、海に向かって右側の堤を慶応の大火後の慶応三年に

延長したもの。このとき、従来まっすぐだった突堤を、象の鼻のような形に変えた。なぜそのように曲げられたのか。

②横浜築港の不思議

横浜港は我が国の重要な貿易港でありながら、開港から三十五年間も外国船などが横づけできなかった。明治初年、横浜に上陸したある外国人は「埠頭はまだない」と書き残している。明治半ばまで、船は沖に停泊、乗客らはハシケ（艀）に乗りかえて横浜の土を踏んだのだ。なぜこんなに築港が遅れたのだろう。

③大桟橋の不思議

ようやく最初（第一次）の築港工事が着手され、明治二十七年（一八九四）鉄桟橋（現在の大桟橋埠頭の前身）が誕生する（第一次全工事が完成するのはその二年後）。

この工事費の原資はアメリカからきた。長州藩が攘夷《じょうい》に走った下関事件のとき、日本が列強四か国に強要されて賠償金を払った。のち、アメリカが耳をそろえて返してきたのだ。国と国との間で取り決めた賠償金がなぜもどされたのか。なぜアメリカだけなのか。

④「メリケン波止場」の不思議

波止場につけられた愛称を取りあげる。「象の鼻」の先に第一次築港でつくられた鉄桟橋（大桟橋）がある。「象の鼻」にイギリス波止場の名があり、大桟橋には「メリケン波止場」の愛称があった。イギリス波止場の名の由来はわかっているが、「メリケン波止場」の方は不明。イギリスの先にできた埠頭が、なぜアメリカなのだろう。

⑤石造ドックの不思議

本書にいう石造ドックとは、旧横浜船渠《せんきょ》会社（通称横浜ドック）の第一号（開渠・明治三十二年）および第二号（同・三十年）のドックのことである。いま、みなとみらい21でひときわ目につく迫力満点のあの構造物だ。両号が構想された明治二十年代、ドック築造にはまだ外国人技術者の力を必要としていた時期だ。だが、横浜船渠はあえて日本人技師に設計・工事監督を依頼することにした。その人は会社の書類には当初「某技師」とだけ記されている。その名を恒川柳作という。恒川は、横浜から一二〇〇キロメートルも離れた佐世保軍港で、夜なべでドックの設計図をひいた。なぜ日本人を、また恒川を選んだのか。現場と離れ、どのようにして図面はつくられたのか。

⑥新港埠頭の不思議

大正三年（一九一四）に新港埠頭ができて、横浜港は東洋の港に格上げされたという。この築港工事は大蔵省が行なった。当時、国づくりの根幹である土木工事の所管は内務省土木局だ。しかも、この築港は、我が国初の陸上施設をもつ本格的工事だった。官庁の縄張りの掟を破って、大蔵省の手で実施されたのは不思議というほかない。どんな事情があったのだろう。

⑦「横浜市歌」の不思議

最後に、私たちになじみの「横浜市歌」を取りあげる。市歌は横浜港を高らかに詠みこみ、港の歌ともいわれている。明治四十二年（一九〇九）の開港五十年のとき、森鷗外により作詞された。だが、「紅・露・逍・鷗」と紅葉や露伴と並び称される鷗外が、どうして作詞にかかわることになったのかはわかっていない。市側が彼を選んだのか、また別のいきさつからか。かつて、この謎に挑んだハマっ子市長の飛鳥田一雄《あすかたいちお》氏も「一切不明」と書いている。

このところ、横浜港の人気が高い。ベイサイドのいちじるしい変身によるものである。まず、山下公園では長年、港と街とを分断していた高架貨物線が撤去され（二〇〇二年）、ほぼ当初の臨海臨港の公園がもどってきた。また、大桟橋では十五か年にわたる再整備工事を終え、船を思わせる流線形の新客船ターミナルが姿を現わした（二〇〇二年）。イギリスの若い建築家夫妻のデザインである。

さらに、みなとみらい21地区では赤レンガパークがオープン、「ハマの赤レンガ」の名で親しまれた倉庫も市民利用施設に生まれ変った（二〇〇二年）。ひと足はやく公開された二つの旧石造ドック（日本丸メモリアルパーク　一九八五年、ドックヤードガーデン　一九九三年）とともに、明治生まれの文化財に直接ふれられるのがうれしい。そして二〇〇四年二月、水辺を縫うように走る待望のみなとみらい線（横浜高速鉄道）も開通、港はいちだんと身近になった。

この港町はほどなく開港一五〇周年（二〇〇九年）を迎える。市民の港への関心はますます高まろう。横浜は若い都市だが、歴史のなかで忘れられたり、眠ったりしているものもある。

これらに光をあてるのは私たちの努めだ。本書が、街や港に刻まれた記憶に興味をもつ一助になれば幸いである。

〈目　次〉

文献の引用について

1　適宜、原文の漢字を新漢字に直し、句読点・ふりがなを付した。

2　特に断らないかぎり、引用文中〔　〕内は筆者注である。

年月日の表記について

適宜、和暦と西暦を併用した。

年齢の表記について

「数え」と記したほかは満年齢である。

第一章

「象の鼻」

なぜ突堤が曲がっているか

横浜海岸通之図　三代広重画　明治３年（1870）　神奈川県立歴史博物館蔵

1　幕府がつくった港

最初の波止場

安政六年六月二日（一八五九年七月一日）横浜は開港した。このまちづくりにあたり、幕府は二つの大方針をたてた。一つは開港場の中心に波止場を設け、そのわきに運上所（現在の税関）を建築する、二つはそこを境に東（現在の山下町側）を外国人居留地、西を日本人町にする、である。この方針により開港場は建設された。

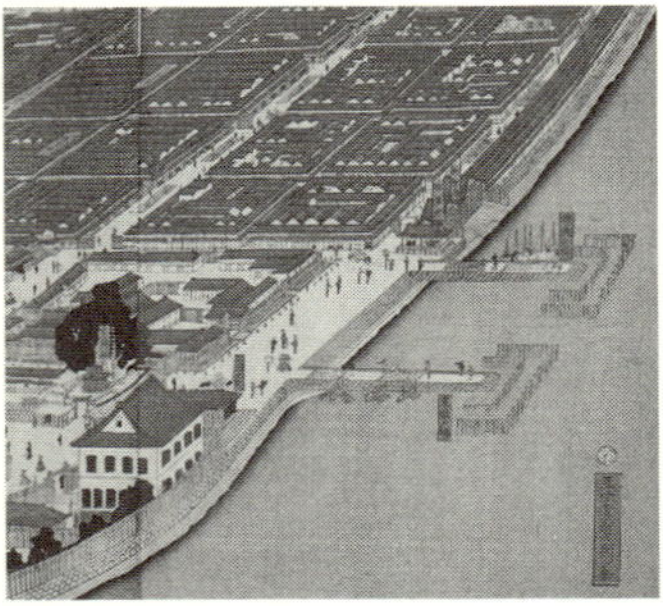

最初の波止場　「再改横浜風景」（部分）五雲亭貞秀画　神奈川県立歴史博物館蔵

このときの波止場は、二つの突堤で、それぞれ長さ約一〇九メートル（六〇間）、幅約一八メートル（一〇間）という小さなもの。両堤とも海岸からまっすぐに突き出ただけの単純な形だった。海に向かって右の堤を東波止場、左の堤を西波止場といった（のち、左右ふくめて西波止場という）。右堤はいまの大桟橋の根元にあたる。

横浜開港のとき、開港場の位置をめぐって、幕府がもくろむ横浜村（現在の中区本町ほか）か、外国側が主張する神奈川宿（神奈川区神奈川本町ほか）か、で揉めた。

結局、話し合いがつかないまま、幕府は開港場を横浜と決め、まちづくりを強行した。このため、わずか三か月の突貫工事で、寒村を市街地に変身させた。だから、つくられた町は欠陥だらけ。波止場も肝心な貿易船や大型船はつけず貧弱そのもの。停泊中の船舶と突堤との間を行き来するハシケ（艀）が、人や物をせわしく運んだ。

もう一つの波止場

最初の波止場が築造されてから四年後、文久三年（一八六三）に、もう一つの波止場がつくられた。場所は外国人居留地の海岸（現在の山下公園の中央部）である。こちらは最初の波止場よりさらに小さく（突堤の長さ約六〇メートル）、かわいい船着場といったところ。東波止場といった（このとき、従来の二つの突堤をまとめて西波止場と改称）。

新しい東波止場の位置が開港場の中心から外れていたこともあり、ここは密貿易などの裏面史に登場したり、海洋スポーツの基地として知られた。

ハマっ子には、この波止場に明治三十六年に設けられた「報時球」（標時球）が、「正午のドン」と親しまれた。船舶に時を知らせるものだが、その仕掛けがおもしろい。東京天文台の正午報時に合わせ、高い塔の頂から球を落とす。同時に花火を打ちあげドンと鳴る。船はいっせいに汽笛をとどろかす。

大正十二年（一九二三）の関東大地震でこの波止場は壊滅、その跡地一帯に震災の瓦礫が捨てられ、山下公園が誕生する。波止場は公園の地下に眠る。その跡形を示すものはなにもない。わずかに、波止場につけられていた番地（山下町二七九―二八一）が、いま公園の所在地（山下町二七九）として生きているだけである。

実は、この波止場は近代日本の夜明けを象徴するような舞台となった所だった。文久三年（一八六三）五月十二日、長州藩士五名が、この海岸からひそかに外遊を企てる。伊藤俊輔（博文《ひろぶみ》）、井上聞多《もんた》（馨）らの密航である。イギリス領事ガワーの斡旋による（『維新史』四）。伊藤らはここから小船でたち、沖のジャーディン・マセソン商会のチェルスウイック号に乗船した。彼らのロンドンまでの四か月半にわたる航海は、辛酸をなめたものだった。とくに上海からは帆船で、しかも言葉が通じない手違いもあり、水夫扱いだったという。「この船には水夫用の便所なく、船側の横木に跨りて便用を達する」、と『伊藤博文伝』にある。

東波止場から密航した長州藩士
伊藤博文（後列右端）、井上馨（前列左端）　横浜開港資料館蔵

こんな船旅でロンドンについた翌年、攘夷に突進する長州藩の危機に、急遽、帰国を決断した伊藤、井上の胸のうちは察するにあまりある。ときに伊藤二十四歳（数え）、井上三十歳（同）。両名の滞在はわずか半年足らずだったが、そのとき学んだ新知識が新生日本の進路に大

きな影響を与えた。残った三人（井上勝、遠藤謹助、山尾庸三）も、帰国後、それぞれ新技術で明治政府を支えた。

「象の鼻」の誕生

新しい東波止場ができて三年後の慶応二年（一八六六）十月二十日、日本人町から居留地におよぶ大火が発生する。いわゆる「慶応の大火」である。翌年（一八六七）、この火災復興で西波止場の右堤が延長されて、弓なりに曲がった現在の「象の鼻」が誕生した。

「岩倉大使欧米派遣」　右側からのびる堤が「象の鼻」。小蒸気船上の３人（岩倉を中心に木戸〈右〉と大久保）、沖に停泊するアメリカ号が描かれている。山口蓬春画　聖徳記念絵画館蔵

いま、東京・新宿区の絵画館でこの「象の鼻」の絵を見ることができる。明治神宮外苑入口の大銀杏の並木道を進むと、正面に真っ白い殿堂が目に飛び込んでくる。聖徳記念絵画館である。明治天皇の事績を揮毫《きごう》した八〇枚の名画が展示されている。なかに、山口蓬春《ほうしゅん》の「岩倉大使欧米派遣」という絵がある。明治四年（一八七一）十一月十二日、岩倉具視《ともみ》（特命

全権大使）ら使節団が、横浜から出航するときの光景が描かれている。これは横浜市役所が奉納（昭和九年）したものだ。

絵には、岩倉、木戸孝允《たかよし》（副使）、大久保利通《としみち》（同）の三人を乗せた小蒸気船と、沖に停泊する巨大なアメリカ号（四三五〇トン）が活写されている。また、画面中央と下部の二つの突堤から、一行を見送る大勢の紳士淑女の姿がリアルに描かれている。その中央の堤をよく見ると、弓なり状なのがわかる。これが「象の鼻」だ。

使節団には多くの若者が同行した。大久保副使の随従者として、その嫡男（十二歳）、二男（十歳、のちの牧野伸顕《のぶあき》）もいた。蓬春はこの絵に取り組むとき、伸顕を訪ねている。画面右下端のハシケに乗る二人の少年が大久保兄弟（右が伸顕）といわれる。

2　「象の鼻」が誕生したわけ

北風に強い波止場を

慶応二年（一八六六）七月一日、フランス艦隊が横浜に入港した。波止場に「象の鼻」はまだなく、まっすぐな突堤のときである。同艦隊にE・スエンソンという乗組員がいた。彼は海軍士官の目で、突堤を次のように批判している。

北の風、北東の風に対してはほとんど無防備（中略）高波が押し寄せてくると、たちまち怒れる海と化し、船の運航を危険におとしいれる。（中略）埠頭から直角に海に突き出ているために風をさえぎることができず、上陸しようとしてもボートを横づけできないからである。特に北風の激しい冬の季節には、船員たちは何日も船に釘づけにされてしまうことがある。（『江戸幕末滞在記』長島要一訳。傍点筆者）

開港場の波止場は北（北東）向きである。横浜は冬は北寄りの風、夏は南西風が多い。冬季、海岸線に直角方向から押し寄せる風や波に対し、まっすぐな突堤は無力だ。彼は、波止場の欠陥をズバリ指摘したのだ。さすがは海のプロ。突堤を曲げた要因はそのためだ。船だまりをつくるのが主眼ではない。

このような実態から外国側はかねてから幕府に苦情を寄せていた。慶応の大火から一か月余りのち（慶応二年十二月二日）、イギリス公使H・S・パークスは、幕府に書状を送り港の改修を訴える。このなかで、西波止場の延長、倉庫の建築などが必要であるとし、それらの図面作成に「英国造営家ウイトヒールド」を推薦する（『続通信全覧』館舎門）。

ウヰツチフイールド商会　明治19年　『日本絵入商人録』から　神奈川県立歴史博物館蔵

実力者パークスのいうとおり、ウィットフィールド&ドーソン社が波止場修築の設計を行なった。G・ウィットフィールドは、ヨット建造でも知られた男。風の扱いはお手のもの。突堤を延長して弓なりに曲げたデザインを採用した。こうして、従前の突堤をふくめ全長約二九〇メートル、水面上の高さ四メートルほどの「象の鼻」が生まれた。係船数は二〇艇以上といわれている。

スエンソンの艦隊はかなり多忙で、横浜を本拠に各地に移動した。来日して三か月過ぎ（慶応二年十月）に発生した大火のときは、長崎から急遽、横浜へ戻っている。また、翌年二月にはフランス公使ロッシュを大坂（阪）に送っている。それぞれの地でスエンソンは見聞を広めた。兵庫の波止場は「あらゆる方角の風から完全に風下にはいることができ、水深も深いため（中略）陸のすぐ近くに投錨できる」（『江戸幕末滞在記』）と評価する。彼は、横浜の港について「一八六七年〔慶応三〕になってやっと（中略）日本政府は目的に適ったボート用の船着場の建設に着手した」（同）と書いている。「象の鼻」着工を見届けて、その夏、日本を離れた。

ハシケの実際

明治半ばまでの横浜港はハシケなど小船の発着所だった。「象の鼻」はこれらを安全につけさせるためにつくられた。ハシケは港の主役のような存在だが、その実際はあまり知られていない。来日した外国人が上陸前にまず目にするのは、港内をせわしく動きまわるハシケだ。彼らのなかに、この小船を興味深く観察し、記録を残している人がいる。彼らの記述からハシケの様子がよくわかる。

その前に、ささやかな私のハシケ擬似体験を述べてみよう。ある夏、大桟橋から八丈島へ行く二泊三日の船旅を楽しんだ。市民クルーズといって、横浜市民はやや安い料金で参加できる。乗り合わせた東京の人から、お役所がなかなか粋な計らいをしますね、とうらやましがられた。

夕方、客船A（二万八八五六総トン）に乗り、花火見物後に出航、翌朝、八丈島につく。このとき上陸の苦労を少しばかり味わった。朝七時三十分、同島神湊《かみなと》漁港沖に錨泊した。岸壁に接岸できないため、島までAのボートか地元の漁船を利用する。走りだせば十分ほどでつくのだが、洋上での乗りかえに手間ひまがかかる。私の順番のときは漁船だった。Aのデッキからそれを見ると、はるか下の波間にゆれている。

現在の象の鼻　震災復旧でやや直線状になった。

仮設タラップを下りるとき、船員さんが一列にならんで誘導してくれる。岸壁では地元の人達の介添で、ひとりずつ上がる。ここまで係船から一時間半かかった。ようやくお目当ての島めぐりに出発。この原稿を書くためクルーズの日程表を読み直してみたら、小さな字で「天候により上陸できない場合もございます」とあった。

前置きが長くなった。これから三人の外国人のハシケ見聞の記述をみてみよう。まず、幕末に来日した先のスエンソン士官に登場してもらう。ハシケは「見栄えも乗り心地もはなはだお粗末な代物」といい、艪《ろ》をこぐふたりの男を次のように書く。

腰にまわした幅の狭いベルト〔褌〕のほかはまったくの裸である。（中略）ひと押しひと引きするごとに、かみしめた歯の隙間から短く息を吸ったり吐いたりして半分唄うようなシューシューという音をさせていた。この音は時々、叫び声とも呼び声ともとれる「ジッキ！ジッキ！」〔直き、じき〕になり、おたがいをはげましているようだった。（『江戸幕末滞在記』、〔 〕内原文）

ふんどし一本の両船頭の動きが目に見えるようだ。

次に、明治初めにアメリカから来たお雇い教師W・E・グリフィスのハシケ観察をのぞこう。

小船は鉄の部分がなく、ただあちこちに銅の索止めがあるだけである。（中略）ベニスのゴンドラがリアルト橋の下から矢のように走り出すように速い。（中略）船頭は傾いた板の上に左足をしっかりかけて、舟に直角の姿勢で腕と体を振る。そうしながら好きなように歌っている。（『明治日本体験記』山本英一訳）

イタリア名物のゴンドラを思いだしている。やはり独特な船頭のしぐさに関心が高い。彼は、ハシケがついたのは「石の波除け」（「象の鼻」のこと）と書いている。

ここで、十四歳の青い目の少女を紹介する。クララ・ホイットニーといい、明治八年（一八七五）八月三日、家族とともにアメリカから横浜の土を踏んだ。彼女が書き残した日記（『クララの明治日記』一又民子訳）がある。その日の「空は明るく晴れ」ていたという。十二時に入港するはずだったが、潮の流れが強過ぎて港に着くことが出来ないので、私たちは午前中も午後もずっとデッキをうろついていた。岸に近づくにつれ、たくさんの漁船が見えて来たが、それに乗っている人々は素裸だった〈ショッキングだ！〉。

彼女たちは朝五時ごろ入港した。だが、ハシケに乗ることができたのは「最後の晩餐」のあとだったというから、ほぼ一日中、ハシケ待ちしていたのだ。裸どうぜんの男が少女のすぐ前にいるのだから、びっくりしたことだろう。

そしてハシケについてこう書く。

一マイル（一・六キロメートル）ほど離れた横浜に向って、波打つ海の上をすいすいと進んで行ったが、その漕ぎ方はかなり変ったものだった。ハシケはイタリアのゴンドラのような形で、一人の男がへさきに立って平たいかいで漕ぎ、他の二人が両側で長い竿を押す。その間もの憂げな歌のようなものがこの作業に伴うのだ。一人が「オー」と云うと、もう一人が「アー」と答え、それを岸に着くまで続けていた。

船頭のかけ声は外国人にはとくに興味深かったようだ。

この一家の来日には、初代駐米公使の森有礼《ありのり》がかかわっていた。森は東京に創設される商法講習所（現在の一橋大学の前身）の簿記教師の職をクララの父に勧めたのである。森は、下関賠償金返還に日本人として最初にかかわった人物だった(第三章4で詳述)。また、クララはのちに勝海舟の三男梅太郎と大恋愛のすえ、結ばれる。

第二章

横浜築港

なぜ三十五年間も船がつけない港だったか

「象の鼻」（奥）とハシケ（手前）明治初期　横浜開港資料館蔵

1　起工は明治半ば

海路と陸路

「象の鼻」は、鉄桟橋（大桟橋）ができるまで二十数年も、横浜の、というよりは日本のメイン波止場だった。だが、現在ならどこの漁港にもあるような波よけや物揚場といったもの。依然として外国船などは接岸できない。前述のグリフィスは、明治三年来日したとき「象の鼻」から上陸した。彼は、横浜に「船舶の埠頭はまだない」（『明治日本体験記』）ときっぱり書く。

翌明治四年（一八七一）、同じ波止場からサンフランシスコへ出航したのが、岩倉具視らの一行である。彼らは、波止場でハシケなどに分乗、沖合でアメリカ号の人となったことは先にふれた。だが、使節団だけでも四八名という大世帯、これに同行する留学生などを加えると一〇〇名を上回ったというから、洋上での乗りかえは大変だったろう。

この出航にひきかえ、一行の東京―横浜の陸路は快適そのものだった。実は、こっそり開業前の鉄道に乗っていた。久米邦武の使節団報告書『特命全権大使欧米回覧実記』には、横浜につくまでのことは、明治四年十一月十日「総《すべ》テ四十八人、皆東京ヲ発シ、横浜ニ着シ宿ヲ為《な》ス」とだけある。ところが久米の素稿には「十日より東京を発し、各蒸気車馬車なんとにて横浜の旅館に到着」（『久米邦武文書』三）と。

日本の鉄道（新橋―横浜）は、明治五年（一八七二）九月十二日、明治天皇行幸のもと開業式が行なわれた。その四か月前の五月七日、品川―横浜で仮営業をはじめる。さらにそれより半年前（四年十一月）、岩倉らの一団が乗車していたわけである。彼らは品川近くで乗る。横浜側から敷設されたレールは当時、品川あたりまできていた。同年八月から一部で試運転も実施され、九月二日には横浜停車場も落成していた。品川停車場は工事中（五年一月竣工）だったので、彼らは軌道から直に乗車した。牧野伸顕は「米国に着いて初めて汽車に乗るのでは対面に係るといふので」と『回顧録』に述べる。

余談になるが、こんな特例で横浜入りした彼らは、出航までの二日間、送る者とともに「遊廓で〈飲めや謡へや〉の大騒を演じた」（『久米博士九十年回顧録』）というから仰天する。さて、岩倉らの使節団は試運転中の鉄道で横浜港まできた。陸路はすでにレールの時代に入っていた。一方、海路はまだハシケ全盛期、それを解消するための築港の目途もたっていない。一国の貿易港としては嘘のような話といえよう。その後も鉄道建設は着実に進み、明治二十二年に東海道本線（新橋―神戸）が全通する。この年、ようやく横浜築港にゴーサインがでる。

朗報は三十年後

横浜開港から三十周年にあたる明治二十二年（一八八九）は、この港町に二つの大きな慶事をもたらした。一つは、四月一日に市制が施行され、それまでの横浜区が「横浜市」（人口一一万六一九三人）になったこと。二つは、その約一か月前の二月二十七日の閣議で横浜築港が決定されたこと。特に築港は、待ちにまった朗報だったことはいうまでもない。

第一次築港工事は同年九月に着手され、二十七年（一八九四）三月、桟橋が完成した。この埠頭が鉄造だったことから、鉄桟橋といわれた。開港以来、三十五年目にして、ようやく貿易船が横づけできる貿易港が誕生したのだ。鉄桟橋につづいて防波堤（現在の内防波堤）も二十九年（一八九六）五月に竣工、第一次築港のすべてを終えた。

なお、この完成の同年同月に世に出た教育唱歌がある。「空も港も夜ははれて」と歌いだす「港」である。横浜港の歌といまに伝えられている。だが、その根拠に乏しく疑問のあるところ。後述にゆずる（第七章1）。

2 つぶされた築港案

「無期限に延期」

明治維新から明治二十二年（一八八九）まで、政府はまったく横浜築港にかかわらなかったわけではない。ここでは早い時期に、あるイギリス人技師が提示した、いくつかの築港プランを取りあげてみよう。

明治初年、横浜のまちづくりに大活躍したR・H・ブラントンの名はよく知られる。関内地区を二分する横浜公園（明治九年オープン）と日本大通り（同十二年開通）はブラントンの設計である。彼の生誕一五〇周年（一九九一年）を記念して、横浜公園内の日本大通り側にブラントンの胸像が設けられた。

彼は、横浜港計画にも熱心に取り組んでいる。その築港案については『R・H・ブラントン 日本の灯台と横浜のまちづくりの父』（横浜開港資料館編）にくわしい。明治三年（一八七〇）から七年の間にブラントンが作成した計画が残されている。うち、内容のわかるものが四案ある。すなわち、①三年九月桟橋案、②六年九月築港案、③七年三月築港案、④同年十一月築港新案である。

ブラントンの胸像　横浜公園

①は、神奈川県知事井関盛艮《もりとめ》の依頼により作成。井関はイギリス公使パークスから「新波止場」設置の要請を受けていた。木製の桟橋で、工事費は五五万ドルと見積もられている。現在の大桟橋のように「象の鼻」基部から延長したもの。長さ約二一〇メートル（大桟橋の約二分の一）で、六隻が接岸可能とされる。

②案は、工部省の依頼による。そのいきさつについて、ブラントンは次のように述べる。

> このころ大蔵卿《きょう》の大隈重信《おおくましげのぶ》と工部卿伊藤博文《いとうひろぶみ》はともに、横浜港に訪《おとず》れる船舶が横付けにできて容易《ようい》に貨物の積卸《つみおろし》ので

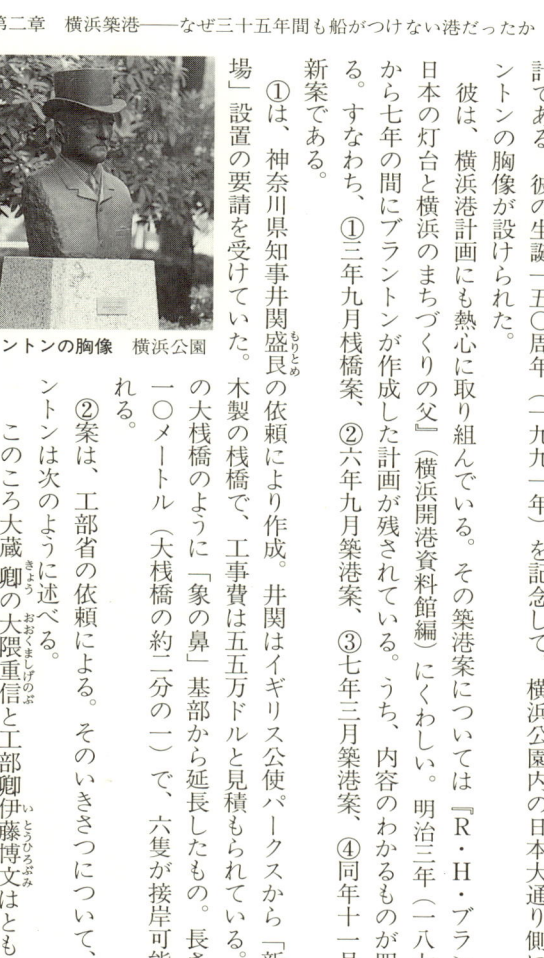

きる埠頭《ふとう》の建設を熱心に望んでいた。（『お雇い外人の見た近代日本』徳力真太郎訳）

この計画図は残されてなく詳細はわからないが、次の三種だったという。一二隻着岸可（工費約一〇六―一五一万円）、六隻着岸可（同約六五―九〇万円）、木製T字型桟橋（同約一九万円）。

③案は、外国人居留地の前面海岸を大きな波除堤で囲むもの。「象の鼻」から延長された西ピアが長さ約七四〇メートル、一方の東ピアが約一〇〇〇メートル。海岸近接部が木造桟橋、その先がコンクリート造で、工費は一〇八万円である。ブラントンが勤務する横浜の灯台寮（現在の中区北仲通六丁目）に、明治七年三月、明治天皇・皇后両陛下が行幸されたとき、このプランを天覧に供している。その状況をブラントンは書いている。

図面により詳細説明申しあげたところ、陛下は非常に興味を示され、林氏を通じて解説に対しおねぎらいの言葉を賜った。（同）

「林氏」は工部省の林董《ただす》で、のち外務、逓信の両大臣をつとめた男。

また④案は、「象の鼻」西側から大きく弧状に伸びる埠頭などで、工費を一三〇万ドルとしている。

以上のように、ブラントンは築港プランを次々と提示した。政府の大隈らも、旧態依然とした横浜港を改良しようと目論んでいたことがわかる。だが、翌八年三月八日、林董からR・H・ブラントンあてに手紙が届く。

小官は工部卿の命によって政府は遂《つい》に貴殿設計の横浜港計画の実施を、現在のところ、無期限に延期したことを御知らせします。（同）

この延期通告で、ブラントン案はすべて消えた。いったい、政府内部はどうなっていたのだろう。その一年後、彼は帰国の途につく。

「当分見合」

大隈重信大蔵卿（参議）は横浜築港実現に懸命に動いていた。工部省が依頼したブラントンの③案が明治七年三月に作成される。一方、内務省はオランダ人工師V・ドールンに築港計画を立案させた（同年四月）。両省案がまとまったところで、大隈は「横浜港大波戸場新築之儀ニ付伺」を三条実美《さねとみ》太政大臣（最高長官）に提出した。同年五月三十一日のこと。この伺いの主旨は次のとおり。

近年、同港の貿易が盛大になり、船舶の出入りも他港より数倍に達している。このままの施設では不便このうえもなく、貿易不振にも帰着することになる。特別な計らいで波止場築造を許可してほしい。

また、文書には、従来のいきさつが書かれている。それによると、二年前（五年五月）、築港の件につき費用約一〇万ドルが認められたが、詳細見積書をとったところ額が膨れ上がり実施をひかえた、とある。

これに対し、十月十日、太政大臣から「当分見合」の返事がきた。その理由に、今日ばく大な経費で築港しなくても、両三年過ぎての建設でも遅くないと。この頃、ブラントンは先の④案を作成中だったろう。実力者大隈の提案に、三条がこのような回答をさぜるをえなかった内情を次にさぐる。

「一切停止」

大隈が横浜築港を伺った明治七年五月から二か月余りのち、次のような太政官達が発令される。

＊第百六号（八月十二日）
　非常ノ節倹ヲ行フニ付不急ノ費途ヲ止メ昨年常額ノ残金ヲ返納セシム

この達文のなかに「国事多端ノ際莫大ノ経費」を要するにつき、「官費ヲ以土木」を行なう等はいっさい中止し、すでに配分済みの国費も残金は返納せよ、とある。

この通達は通常の節約令ではなかった。つづいて、次の二つの太政官達がだされる。

＊第百十七号（九月四日）
　非常ノ際宮中御用度始御減省ニ付各庁於テモ御旨意ヲ奉体セシム

＊第百十九号（九月十日）
　既興ノ土木ハ費用ヲ節略シ未興ノ工業費ハ大蔵省ヘ返納セシム

第百十七号は、宮中費も削減している状況をふまえ、各省にて節約の方法を検討して伺え、というもの。また百十九号は、土木工事で着手済みは費用節約、未着工は予算返納、との厳命。また、内務省からも同旨の乙第五十四号（九月三日）が各府県へ発令されている。

以上のように、この年八—九月に矢つぎ早にきびしい通達がだされた。特に土木工事が対象にされているのは、その費用が多額に上るからであろう。この一連の流れのなかに、先の大隈への「当分見合」の返事（同年十月十日）もおさまるものである。

明治初年の我が国の財政は危機的状況だった。歳入は頼りになる経常収入はなく、国債などの借金で補ってきたのが実情。たとえば、元年から四年頃まで（一—四期）の各期歳出（一般会計）約二〇〇〇—三〇〇〇万円に対し、租税収入（大部分が地租米納）は三一六（一期）—一二八五万円（四期）に過ぎない。

ようやく地租改正で六期の租税収入が約六五〇〇万円になる。この増収で、学制の発布（五年）、徴兵令施行（六年）の経費増に対処することができた。以後、政府の財政は安定するところだった。

だが、征韓論をきっかけとする政治の混乱から、七年に入ると佐賀の乱（二月）、台湾征討（同）などの内外の争乱が起こる。当然、歳出の大幅増につながる。政府はこれらの財源確保に追われた。こういう状況のなかで、大隈の築港伺いはだされた。

なお、彼はブラントンに資金は確保済みと伝えていたという。大隈が見込んだ財源がなんだったのかはわからない。

まず士族授産

その後も西郷隆盛らによる反政府運動がはげしくなり、遂に明治十年（一八七七）西南戦争へ進む。その戦費約四二〇〇万円も借入金などでまかなっている。これは特別会計で処理されたが、同年の一般会計歳出（四八四二万円）に匹敵するほどの額だった。戦後は困窮する旧士族の不安解消が政府の課題になる。

明治十年代に内務省により、大土木事業が実施され注目される。よく知られる安積《あさか》疏水や野《の》蒜《びる》築港などである。だが、これらは通常の基盤整備事業ではなかった。士族授産を念頭におくもの。だからこの財政危機のなかでも実行されたのである。これで横浜築港はまた遠のく。

大久保利通は、明治十一年（一八七八）三月、「一般殖産及華士族授産ノ儀」を太政大臣に建議する。これは、殖産興業と士族授産を一体として行なおうとするものである。もとより財源は租税収入でまかなえない。このため起業公債一二五〇万円を発行することにした。すでに、外国債は明治三年ロンドンで募集、鉄道建設（新橋―横浜）に充当している。今回は初の内国債だった。

この大久保の建議で実施されたなかに、先の安積疏水と野蒜築港がある。疏水事業は、猪苗代湖より安積原野（現福島県郡山市）へ水路を敷くもの。内務省お雇い技師ドールン（横浜築港案も作成。前述）の設計で、明治十五年（一八八二）完成。地元の二本松をはじめ各地の旧士族が多数移住した。この灌漑《かんがい》により、米の収穫は数倍になったという。現在、猪苗代湖畔にドールンの立像が建てられている。

また、野蒜築港（現宮城県東松島市）は我が国近代港湾修築の先駆として名高い。石巻湾の鳴瀬川河口に港を築造するとともに、新市街地を埋立造成する事業。ここに移住者をつのり、衰微いちじるしい東北地方の拠点にしようという大構想だった。

設計はやはりドールンで、第一期工事が明治十五年に竣工した。だが、二年後の台風により、できたての突堤は無残にも壊される。結局、第二期工事に着手することなく事業は中止に追い込まれた。せっかくの新企画も失敗に終わる。

3　築港のはじまり

アメリカから七八万余ドルがきて

よく知られるように、横浜では早くから公園や道路・下水道といった都市施設がつくられている。それなのに緊要な港づくりは進展しなかった。それは、これまでみてきたようにきびしい財政事情からだった。そんな折の明治十六年（一八八三）、アメリカ合衆国から七八万五〇〇〇ドル余（当時のレートで約八八万円）が日本政府に届けられる。話はこれより二十年前にさ

横浜港に停泊する下関遠征前の四国連合艦隊　元治元年(1864)　F・ベアト撮影　横浜開港資料館蔵

かのぼる。文久三年（一八六三）から翌元治元年の下関事件（下関砲撃事件）である。

長州藩が四国連合艦隊（イギリス・フランス・アメリカ・オランダ）と砲撃戦のすえ完敗する。このとき、日本がアメリカに支払った賠償金全額が返還されたのだ。このたぐいまれな厚意にこたえるため、明治政府はその金を貿易振興の目的に使おうと考えた。すなわち、長年の懸案だった横浜築港を軌道に乗せることである。

アメリカからの返還金はその後の利子を加えると一三五万円に膨らむ。現在の五〇億円にもあたろう。第一次築港工事予算（総額約二〇〇万円）の財源に充当された。そして、明治二十二年（一八八九）九月、全市民念願の築港着手をみる。

ひきつづき横浜港の修築は進展した。すなわち、第一次築港が国営で実施されたので、港に欠かせない造船所の建設が民営で行われた。明治二十四年に横浜船渠会社が設立され、二十八年石造ドック築造に着手する。また、三十二年（一八九九）から第二次築港が大蔵省の手ではじめられ、大正三年

（一九一四）新港埠頭が完成する。

このように、下関賠償金が返されたのを機に横浜港は近代港湾へと姿を変えていった。この返還が、横浜の都市形成史に、また日本の港湾史に占める意義は大きい。

「ふしぎなこと」

ふたたび司馬遼太郎さんに登場してもらう。司馬さんは、アメリカの賠償金返還に強い関心を示している。『街道をゆく』のなかで、このことにふれ「ふしぎなこと」と次のようにいう。

国際法上、アメリカとしては、返還の義務などいっさいない、とすればどういうつもりだったのであろう。（「横浜散歩」）

また司馬さんは、ある鼎談の場でも「どういう応答があって返してきたか（中略）はっきりしないんですよ。横浜市史にも一行書いてあるだけ」（『歴史の交差路にて』）と語る。

たしかにきびしい外国との交渉のすえ払った賠償金が、あとになって返ってきたという話はあまりきかない。受け取る側は賠償金は少しでも多く、というのが本音だろう。

明治末期のことだが、我が国は日露戦争でロシアから一円の賠償金も取れなかった。この講和のとき、大国ロシアはまだ十分余力があった。が、「勝った勝った」とだけ知らされていた日本では、全権大使小村寿太郎を弔旗で迎えよ、と新聞はいきまく。帰朝の小村は、横浜港一帯に張られた非常線に守られ、こっそり通称・御用邸（皇宮付属邸、現在の中区北仲通六丁目）

に上陸した。東京では、怒った群衆が交番などを焼きうち、戒厳令が布告される騒ぎになる。

こう書いてくると、アメリカからの賠償金返還に次々と疑問がわいてくる。たとえば、他の三か国が返さないのになぜ、事件から二十年もたって返還してきた事情は、このことに日本外交のかかわりは、など。これらは第三章2—5で取りあげる。

強要された賠償金

ここで下関賠償金について少しふれよう。下関事件は、横浜開港から四年後の文久三年（一八六三）五月、長州藩による外国船発砲にはじまる。

アメリカ商船ペンブローク号は、同月六日横浜から上海へ向かった。十日（攘夷期日）関門海峡ちかくに停泊、潮時を見ていた。そこで不意に砲火をあびる。同船は全速力でのがれ追撃を振りきった。以後半月の間に、フランス艦・オランダ艦もこの海峡で砲撃される。これらの発砲に対し、アメリカ・フランス両海軍は急遽、報復攻撃を行なった。

このような度々の長州藩の暴挙に業を煮やした外国側は、合同して同藩に攘夷の無謀を思い知らせようと動く。このニュースをロンドンで知った伊藤・井上が、急ぎ帰国することになったのは前述した。結局、両人は同藩の猛進を止めさせることはできなかった。

元治元年（一八六四）八月四日、四国連合艦隊は下関へ向かった。イギリス艦九隻を主力にオランダ艦四、フランス艦三、アメリカ艦一を加え、一七隻をもっておそう。連合艦隊の砲火の嵐の前に、沿岸の砲台はあっけなく全滅、占領された。

さて、本事件の発端は以上のようにアメリカ・フランス・オランダ各国艦船への砲撃だった。このなかにイギリス船はない。だが、連合艦隊の主力をつとめたのも、講和会議で四か国を主導したのもイギリスだった。賠償金の要求は苛酷《かこく》をきわめた。

外国側と長州藩との談判は下関で行なわれ、外国船の安全航行など五項目が取り決められた。うち、賠償金については、市街を焼かざる賠償金と各艦隊の諸雑費とされ、江戸で決定することとされた。下関の町を「焼かざる」という賠償金は、なんとも理不尽な要求といえよう。のち、長州藩は賠償金支払いを幕府に肩代わりさせることに成功する。

こうして、同年九月二十二日（一八六四年十月二十二日）、四か国公使と幕府との間で「下関事件取極書」が調印された。その要旨は次のとおり。

第一　四か国に支払う総額は三〇〇万ドル。

第二　五〇万ドルずつ三か月ごと六回払い。

第三　賠償金に代え、下関または瀬戸内海の一港を開く方法もある。

この約定は、列強が武力を背景に法外な額（現在の一〇〇億円以上）を吹っかけたもの。もとより三〇〇万ドルの根拠も不明。六回払いとはいえ、わずか十五か月で完済は至難なローンだった。が、幕府は無理を承知で賠償金支払いの道を選ぶ（元治二年三月）。

この三か月余りのち、幕府はなんとか一回目の支払いをする。が、二回目以降の見通しはついてない。以後、支払い延期申し入れを繰り返す。そのつど、外国側はたやすく首を縦に振らなかった。これを主導したのもイギリスだった。

ローン取りたてにおどし

幕府は「下関事件取極書」調印の翌慶応元年（一八六五）から、次のように賠償金を支払った。

一回目　慶応元年七月　五〇万ドル
二回目　同年十一月　同
三回目　翌二年四月　同

計一五〇万ドル（総額の半分）。幕府としては、ここまでが精一杯というところだった。ほどなく幕府は崩壊する。残額一五〇万ドルは、誕生したばかりの新政府が明治七年（一八七四）に三回（アメリカは二回）に分けて支払った。結局、一五か月ローンの約束を、九年かけて完済にこぎつけたのである。

この間、我が国の支払延期要求に、彼らは相応の代償なくて認めることはなかった。幕府は一回目の支払いに先立ち、二回目以降の延期を申し入れる。これにイギリスは、次の案で対応することについて本国の了承をえた。

以下の三点が認められれば、支払い延期を承諾し賠償金も三分の二（二〇〇万円）免除する。

一　兵庫の即時開港
二　条約勅許
三　輸入税率の引下げ（五分―三割五分、を一率五分に）

新任のイギリス公使パークスは、この実行に精力的に行動した。外国側は軍事力をバックに本案を幕府に突きつけることで意見の一致をみる。当時、将軍らは大坂に滞在していた。慶応元年九月、パークスらは各国艦隊とともに兵庫沖へ進航、その回答を迫った。

しかし、外国との条約の勅許はえられたものの、兵庫開港は認められなかった。この幕府の返事に、パークスは席をけって上京せん、とおどしたという。税率の件は江戸で交渉に入ることに決定。結局、三点のうち一つがまとまらず、支払い延期も三分の二免除も、ご破算になる。やむなく、幕府は元年十一月に二回目を払う。そして、三回目支払い前の翌年二月、残りの四―六回目の延期を申し入れた。

さて、江戸での税率引き下げ協議で、慶応二年五月、改税約書が結ばれる。これで、外国側は念願の税率五パーセントを手に入れる。また、税則とは本来なじまないいくつもの条文を、希望どおり盛り込んでいる。たとえば、土蔵（保税倉庫）の建築（四条）、灯台等の設置（十一条）である。これらの追加規定に幕府が難色を示すと、パークスは賠償金の延期を認めないと威嚇したという。

こうして改税約書は、ほぼパークスの原案にそって締結された。が、支払い延期問題は依然決着しない。翌慶応三年四月、幕府はふたたび延期を要望する。ようやく、残額一五〇万ドルの支払い期限は二年後になる。これが待ったなしに明治政府の肩にのしかかる。しかし、よちよち歩きの新政府に余裕のあるはずがない。歳入のほとんどが地租（米）という時期である。そんな事情でも、外国側は手をゆるめない。明治二年（一八六九）四月、賠償金の残額と利子の支払いを要求してくる。

これに対し、政府は明治五年までの支払い延期と利子免除を要望。その代償として、茶・生糸の輸出税率改訂（引き上げ）を三年先にのばすことを提示した。これで、明治三年二月、外国側とやっと合意にこぎつけた。

その後、各国を歴訪した岩倉具視大使一行（明治四年十一月出発）が残額免除を交渉する。次章で述べるように、これにアメリカは理解をもっていたが、他の三か国はまったく聞く耳をもたなかった。結局、帰国する（明治六年九月）までの支払い延長の了承をえるにとどまる。

ここにいたり、政府は賠償金残額の一挙返済を決断する。アメリカを除く三か国には、明治七年（一八七四）一、四、七各月末に分割払い。アメリカはJ・A・ビンガム公使が当初、受領を保留した。のち、本国の指令により三か国と足並みをそろえることになり、同年六、七両月に受け入れる。

第三章

大桟橋

なぜアメリカは下関賠償金を返してきたか

横浜桟橋全景　明治末期　左へのびる突堤は「象の鼻」。

1　船が横づけできる港

鉄桟橋の表面はヒノキ板

二〇〇四年二月十四日、横浜港に「世界最高」と折り紙つきのクルーズ船「クリスタル・セレニティ」が初寄港した。バハマ船籍の六万八八七〇トン。いうまでもなく錨を下ろしたのは大桟橋である。新装なったこの埠頭は、三万トンクラス（「ふじ丸」、初代「飛鳥」など）でも片岸に二隻横づけできる。だが、これほどの豪華船になると、そこを独り占めするからすごい。

この日、その姿をひと目見ようと大桟橋はにぎわった。寄港船の出航は早い。同船も翌十五日にはニューヨークに向かった。こういう客船にはなかなか出会えないが、三万トンクラスなら毎月のように入るというから、チャンスは多い。

このように、私たちが横浜港で大型船を目の当たりにできるようになったのは、これまで述べてきたとおり鉄桟橋の誕生（明治二十七年三月三十一日）による。この埠頭は翌二十八年四月一日、使用開始された。その第一船の栄に輝いたのは「グレノグル」（イギリス船）だった。

さて、鉄桟橋の長さは約四五〇メートル（桟橋部分）、幅一九メートルである。その主要材料は鉄材で、イギリスから輸入したもの。スコットランド・グラスゴーのバローフィールド鉄工場製。桟橋の表面はヒノキ板で、板とはいえ厚さは四インチ（一〇センチ）あった。それを受ける桁《けた》もヒノキで、それを鉄梁が支えた。
森鷗外はこの桟橋を次のように書く。

鉄橋の梁に、長い桁と短い桁とが、子供のおもちゃにする木琴のやうにわたしてある。靴の踵や下駄の歯を噛《か》みそうな桁の隙《すき》から、所々に白く日の光を反射してゐる黒い波が見える。（「桟橋」、『鷗外全集』六）

ここにいう「桁の隙」は当時の絵葉書を見るとわかる。表面にすき間があるのだ。ヒノキ板は幅六インチ（約一五センチ）で、一インチ（二・五四センチ）の間をおいて横にかけられている。これを「疏張《そばり》」（『横浜築港誌』）といっている。その一インチのすきが「下駄の歯」をかみそうであり、そこから「波が見える」というわけだ。

横浜桟橋　「木琴」のような桟橋表面。

　この桟橋は、のち新港埠頭築造のとき、幅が四一メートルに拡げられた（大正六年）。以後も、関東大震災の復旧（同十四年）、昭和の拡張工事（昭和十一年）を経て、東京オリンピックでの改修、二〇〇二年に竣工した再整備など多くの変遷をたどってきた。現在、埠頭の長さ四八三メートル、幅一〇〇メートルである。この基本は当初の鉄桟橋によりつくられたのだ。
　なお、その名称は鉄桟橋、税関桟橋、横浜桟橋、山下町桟橋な

大桟橋国際客船ターミナル　横浜市港湾局提供

どといろいろあったが、いまは大桟橋の名に落ち着いている。

「ニワミナト」から誕生

「港に沿った散歩道」といえば、まず山下公園を思い浮かべよう。それでは「港に飛び出た散歩道」といえば、このたびの大桟橋再整備でつくられた国際客船ターミナルだろう。この屋上広場は二十四時間解放されていて、港の散策に打ってつけ。しかも愉快になる。建物は二〇〇二年末完成（一部六月オープン）した。屋上はブラジルのイペという木材を敷きつめたデッキで、斜面になっていたり曲面になっていたりして、とても変化に富む。ここを歩いているとクルーズ船の甲板にいるような気分になる。こんな身も心も弾むような建築が出現したのは「ニワミナト（庭港）」という考え方からだった。これまでの上屋のタイプとはひと味もふた味も違う。

大桟橋にはじめて船客上屋がつくられたのは、大正六年（一九一七）十一月である。それまでは、桟橋入口からはるか先端まで見とおせた。最初の船客上屋は木造二階建て二棟（総床面積五八三五平方メートル）である。いずれも一見、工場のような建物で、一階が貨物置場、二階が旅客待合室。両上屋とも関東大震災で焼失してしまった。

昭和三年（一九二八）三月、鉄骨鉄筋コンクリート造二棟（一号平屋建て、二号二階建て）で再建された。さらに、一九六四年の東京オリンピックのとき改築されている。こうした経過をたどり登場したのが、新しい客船ターミナル（総床面積四万三八四三平方メートル）だ。

この評判がいい。まず、高さが一五メートル（二階建て）に抑えられ、港の視界を妨げない。一階がパーキング、二階がターミナルで、内部は一本の柱もなく広びろしている。また、波をイメージしたという曲線が内外いたる所に使われるなど、意表をつくデザインが人をひきつける。

そして、愉快な屋上（送迎デッキ）である。幅七〇メートル（ほぼ日本大通りの二倍）、長さ四三〇メートルの広場は、歓迎セレモニーにも市民の散策にも余裕たっぷり。ウッドデッキのイペ材は硬いらしい。幅一〇五ミリ、厚さ四五ミリの板を施工するのにかなり苦労したという。

この建築は国際コンペにより選ばれた。横浜市は、その設計条件の基本に「ニワミナト」を提示した。遠来の旅客には「庭園のような景観を持つ港」に日本への期待を高めてもらい、また市民には「生活に溶け込んだ憩いの場」にしてもらおうという意図である。応募作品は六六〇点におよんだ。ほぼ半数が外国からとその反響は大きかった。このなかで、イギリスのアレハンドロ・ザエラ・ポロさんとファッシド・ムサヴィさんという若い建築家夫妻の作品が選ばれた。

この案は、講評によると「屋上は全体に多彩な市民利用ができる空間として考慮されている。（中略）革新的なデザインであり、客船がさん橋に停泊したときに客船を引き立てて見せる」などが審査委員に評価されたとのこと。

ムサヴィさんは屋上広場のデザインについて語っている（『日経アーキテクチュア』）。

新しい形の公園を提示しようと考えました。近くに緑の豊かな山下公園があるので、それと競い合うようなものをつくるつもりはありませんでした。互いに無いものを補い合うような関係になればいい。そう思って、すべてをウッドデッキにしようと（後略）。

港に飛び出た大桟橋も、港に沿った山下公園のように、ハマっ子自慢のプロムナードとして定着しよう。これから、この桟橋誕生に深いかかわりをもつ外国の話にうつる。

2　リンカーン政権の生き残り

アメリカ合衆国が日本に下関賠償金を返してきたのは一八八三年（明治十六）である。それ以前のほぼ八年間、連邦議会で本件審議が繰り返し行なわれた。ここでは、さらにその前のアメリカの対応を中心に述べる。時期は一八六四年（元治元）の賠償金約定から七五年（明治八）頃までの約十一年。

本論に入る前に二つの点についてふれておきたい。アメリカの三権分立制と下関賠償金の四か国配分問題である。三権分立制は、この返還実現が長い道のりを経ざるをえなかったことと関係がある。また、配分問題は、アメリカの受領額が実際の損害金をはるかにこえていたことが、議会などで問題にされるからである。その額は、連合艦隊主力のイギリスよりも多かった。

三権分立制

よく知られるように、アメリカはきびしい三権分立制をとっている。大統領に法案提出権がない。このため、行政府が行なおうとする施策も、立法府の議員を通じて提案しなければならない。それで、大統領は議会に対し必要な政策を喚起したり勧告することができる。だが、連邦議員は、一般に、出身の各州や地盤の利益代表的な面が強いから、自国民の利害に直接かかわらない案件には関心が低い。

下関賠償金の件はまさにそれであろう。本件が浮上した頃、連邦議会に「動議ヲ発スルモノ無カリキ」(『日本外交文書』第十六巻)という。大統領や有識者による本件提起も、議会に容易には浸透しなかった。

本章の基礎史料は、外務省編『日本外交文書』第一―十九巻(暦年順)、日本学術振興会編『条約改正関係日本外交文書』(1)第一巻である。以下、本文中の出典で、これらは略させていただいた。

賠償金配分問題

賠償金総額三〇〇万ドルは、四か国等分ならば一か国七五万ドルずつになる。しかし、アメリカは前述のように七八万五〇〇〇ドルである。フランス・オランダ両国もこれに同額だった。これに対し、イギリスは六四万五〇〇〇ドル。このような配分は当初から決定していたわけではない。

まず、配分額に差がでたのは、四国連合艦隊が下関へ出動する前、アメリカなど三か国の艦船が長州藩より砲撃を受けたことによる。その損害を各国一四万ドルずつとしたのだ。この金額は、フランス政府がパリにきた日本使節に自国艦の被害を要求（一八六四年六月）した額だった。これで三〇〇万ドルのうち四二万ドルの配分が決まる。

次に残りの二五八万ドルの処置である。これについて、フランスは「当時日本ニ在ル四ケ国兵隊ノ総数ニ基キ各国兵隊ノ割合」による配分を主張したという（一八六六年一月一日付・英外相書簡）。これに対し、アメリカは「其勝利ハ則チ四ケ国カ同一様ニ収メタルモノ」として等分を要望し、イギリスはあえて異論を唱えなかったと（同書簡）。

こうしたやりとりを経て、今後とも四か国が一致協力して日本にあたることが重要と残額の平等配分がまとまる。この結果、イギリスは四か国艦隊のリーダーとして出撃しながらも、その賠償金は他の国よりも少なかった。

暗殺を免れたふたりが主導的役割へ

アメリカの国民が、歴代大統領（現在のブッシュは第四十三代）のなかで、もっとも高い評点をつけるのは第十六代（一八六一―六五年）A・リンカーンというのが、昔も今も変わらない。あの不幸な南北戦争で、アメリカ分裂の危機を救った大統領の名を国民は忘れない。このリンカーン時代に下関砲撃事件（一八六三―六四年）は起きた。

だが、リンカーン大統領は一八六五年四月、暴漢に襲われ世を去る。下関賠償金の約定から六か月後のこと。まだ賠償金は一ドルも払われてない（一回目支払いは六五年八月）。幕末の日本とアメリカとの間の通信事情も考えると、大統領はこの賠償金問題にかかわりは少なかったろう。実は、リンカーンがワシントンの劇場で狙撃されたとき、一命をとりとめた政府高官がふたりいた。国務長官のW・H・シュワードと北軍総司令官のU・S・グラントである。この日、シュワードは自宅で襲われ重傷を負う。また、グラントは大統領から当日の観劇に招待されていたが、所用で外出していて難を逃れたという（観劇中止の理由に別説もある）。

グラント　「イラストレイテッド・ロンドン・ニュース」（1865年4月22日）から　横浜開港資料館蔵

こうして暗殺を免れたシュワード長官とグラント総司令官は、リンカーン大統領のもとで南北戦争終結に活躍した同志だった。そして、両高官こそその後、下関賠償金の返還に主導的な役割を果たすのだ。ここでふたりの人物について若干ふれておく。

シュワードは有力な大統領候補（共和党）にあげられるほどの大物である。リンカーンは内閣の要・国務長官に彼を起用した（一八六一年）。リンカーンの死後、副大統領から昇格したA・ジョンソン大統領（第十七代）のもとでも国務長官をつとめ、六九年まで在任している。南北戦争後の多難な外交を処理したことで知られる。

一方、グラントは周知のように劣勢だった北軍を勝利に導いた英雄である。前述の観劇は、南軍の将R・E・リーが降伏したことで、リンカーンがグラント夫妻をねぎらい、一日を共にしようとしたといわれる。ジョンソン政権の陸軍長官に就くが大統領と意見があわず退任した。その後、グラントは共和党の大統領候補に指名され、第十八代大統領に当選、二期（一八六九―七七年）つとめる。彼の大統領としての人気は芳しくない。とくに二期目、黒い霧事件がつづき、側近の汚職も発覚するなど評価を落とした。

賠償金より新港がねらい

下関事件当時の駐日公使はR・H・プリュイン（一八六二―六五年在日）だった。彼は本国への公信で、下関賠償金について次のように述べたという。

このような「大額ノ償金要求ニ同意セシハ其結果大君ヲシテ新港ヲ開カシムルニアル」（下

院外交委員報告)

この「同意セシハ」の言葉から、彼がこの巨額な賠償金に消極的だったことが察せられる。ねらいは「新港」にあった。賠償金の約定(第二章3)のなかに、賠償金を支払うか港を開くかとの一項目があるが、フランス・オランダ両国は賠償金受領を希望したという(『維新史』四)。

プリュイン公使は法律家出身の外交官である。かつて、シュワードの法律顧問をつとめていた。こういう間柄から、公使は下関賠償金が法外な額であることも、率直に国務長官に報告していただろう。後述するような長官の英断に公使の影響もあったと思う。

なお、プリュインは来日してすぐ生麦事件に遭遇する。このとき、イギリスやフランスが外国人歩行の安全を求めて、日本にきびしい要求を突きつける。が、彼は幕府の立場に理解を示し建設的な提案をする。すなわち、山手地区を行楽地にしようという。そうすれば、東海道方面へ遊歩する外国人は一〇〇人に一人ぐらいになろうと。この案に幕府が飛びつき各国も同意、遊歩安全策は収拾された。こうして現在の山手の丘がある(くわしくは田中祥夫『ヨコハマ公園物語』第一章3参照)。

「不正ノ金ヲ国庫ニ納ムマジ」

南北戦争は一八六五年四月、終結した。その四か月後、合衆国は一回目の下関賠償金を受領する。この金は外交担当の国務省の所管。扱いはシュワード国務長官の手にゆだねられる。長官は賠償金を国庫（財務省）に納入せず、国務省で保管した。そのわけをシュワードは次のように述べている（『明治文化全集』六巻）。

此金額ハ強者ノ手ヲ以テ弱者ヨリ取リタルモノナレバ（中略）決シテ此ノ不正ノ金ヲ国庫ニ納ムマジ

実は、アメリカの四国連合艦隊での出費は僅少だった。当時、南北戦争中で自国の艦船を出動させられず、チャーター船一隻に砲四門を装備、かろうじて戦列に加わった。戦費は実額約二万ドルに過ぎない。賠償金はそのほぼ四〇倍という巨額（七八万余ドル）だ。シュワード長官は、一八六八年、このような実損額以上の賠償金を受領した事実を公表し、連邦議会下院にその審議の必要性を訴えている（『ニューヨーク・タイムズ』、ほか）。

国務省では賠償金を公債にして保管した。この方針は、その後、五代の国務長官に引き継がれる。この結果、一八八二年時点には元利合計額は一五〇万余ドル（賠償金のほぼ二倍）に膨れ上がる。連邦議会では日本へ返すのは元利ともか元金のみか、が最終的な問題になる（本章3）。

一八六九年（明治二）、シュワード国務長官は退任する。翌年来日、明治天皇に謁見している。維新後、外国の賓客は六九年のイギリス・エジンバラ公が最初といわれるが、シュワードもその頃の訪日組である。彼を玉座に案内したのが寺島宗則（外務大輔）だった。この寺島がのちに駐米全権公使のとき、「昨日上下両院ニ於テ下ノ関償金原額ヲ返還スルコトヲ議決セリ」（一八八三年二月十八日）と打電することになる。

シュワードは、帰国後、下関賠償金を日本へ返すべきとの思いをいっそう強く持ち、賠償金を日本婦女子教育のために使うことを決意したという。が、ほどなく（一八七二年）この世を去った。七十一歳だった。

岩倉大使のもう一つの使命

岩倉具視大使らの使節団（明治四年十一月出発）の主目的は、周知のように不平等条約改正の事前交渉と、新生日本に役立てるための実地見聞である。実は岩倉にもう一つの使命があった。先にふれた下関賠償金の残額（一五〇〇万ドル）免除の交渉である。その支払い期限（明治五年）が迫っていた。「特命全権大使ノ使命ニ関スル勅旨」（明治四年十一月四日）の第一に条約改正の件があげられ、第二に、

馬関《ばかん》〔下関〕償金ノ事ハ便宜談判ヲ遂クヘシ、若《も》シ外国人民利益トナルヘキ事ト交換ノ談判ニ渉ル事アリトモ、無税又ハ減税等ノ談判ハ受クヘカラス

とある。輸入税の減免をさけて交渉せよということ。

明治政府としては、日本が下関事件当時と大きく変貌している実情を訴えれば、半額免除の理解はえられるだろうと踏んだにちがいない。ここで前述した幕府の支払い延期要望に、イギ

リスが提案した三条件を思い出してほしい（第二章3）。賠償金三分の二免除も可とした三点だが、兵庫開港の一点のみ実行されずご破算になった案である。

その後、兵庫開港も大阪開港も実現されている。これで三条件はすべてパスしたはず。いわんや今回は半額免除である。さらに、改税約書で日本に義務づけられた灯台建設も、明治三年までに幕府が計画した観音崎など四基は完成した。このほか岩倉が出発するまでに、潮岬など一七基も着工（うち一〇基点灯）されている。

財政事情がきびしいなかで、これほどその建設が推進されたのには、灯台が日本側の船舶にも有用だったこともあるが、次のようなパークス英公使の甘い誘いがあったのが大きかった。

勝安芳（勝海舟）は『海軍歴史』に、

慶応三年「パークス氏発議し、我政府年々下の関償金として払込へき金圓を以て、我横浜より初め要所要所に灯台を建築せば彼我航海之便幾許《いくばかり》ぞ」

と書く。下関賠償金と灯台建設費を相殺しようという、日本にとってはうまい話だ。明治政府は、この相殺案も賠償金半額免除の有力な材料と考えていた。だが、パークスが、改税約書に約束させた灯台建設の実現をねらい、言葉たくみに提案したものだった。

さて、岩倉使節団の本件交渉はどのように展開されただろうか。最初に訪れたアメリカでは、この協議に入るまでもなく賠償金免除の話が進行していた。すなわち、大使らがワシントン入りした二か月余りのち、一八七二年（明治五）五月十八日、第四十二議会下院に議案「償金棄《き》損ニ関スル件」（H・R・二七九八号）が提出された。
その要点は、一八六四年十月二十二日に取り決められた日本政府の賠償金のうち未納分三七万五〇〇〇ドルの解消（『議会議事録』第四十二議会二期、より筆者訳）である。本件は、五月二十一日から本会議で審議が行なわれ、再検討を求める動議もあったが、結局、同月二十九日に可決された。議案はただちに上院に回付された。会期（―翌七三年三月）は残されていたが、上院の議決はえられなかった。

では、イギリス・フランス・オランダでの岩倉の半額免除の交渉はどうだったか。いずれも門前払いのような状況で、本論に入れなかった。イギリスでは外相が、「兎《と》に角《かく》一旦約定致候義は之を奉尊」、灯台は「日本商船の便にも」などと取り合わない。またフランスでも、灯台は条約で決定したこと、大阪の波止場は遠く貿易上利益がないなどと相手にされない。オランダでも、兵庫、大阪両港のことは下関事件前からの約束、賠償金とは無縁などと聞く耳をもたなかった。

賠償金で日米青年の語学教育を

グラントはアメリカでは大統領としてよりも栄光の将軍として記憶されているが、日本は大統領の彼とかかわりが深い。一八七二年、岩倉具視らを謁見した大統領はグラントである。後述するように、彼は大統領退任後、一八七九年（明治十二）に来日する。このとき二か月余滞在、岩倉らと旧交を暖めるとともに各地を訪ねている。その足跡をいまも長崎や東京・日光で見ることができる。

一八六九年、ジョンソンの跡を継ぎ大統領に就いたグラントは、下関事件賠償金の件に積極的に取り組んだ。前政権のシュワード国務長官が公にしたこの問題を、一般教書などを通じ強く広く訴える。グラントのもとで国務長官になったH・フィッシュ（一八六九―七七年在任）も、日本とかかわりの深い人物だ。この賠償金返還に最初に関係した日本人、森有礼駐米公使にこの賠償金が国務省預かりとなっている事実を知らせたのはフィッシュである。岩倉の交渉相手になったのも彼である。

さて、みてきたように下関賠償金半額免除の期待は、あっけなく消えた。日本政府は一八七四年（明治七）七月末までに残金一五〇万ドルの支払いを完了する。このとき、アメリカの駐日公使ビンガムが、当初、受領を保留した（第二章3）。

翌七五年一月十四日、ビンガムが寺島外務卿を訪ね、この一時保留のいきさつを説明している。その「対話」の内容が『日本外交文書』第八巻からわかる。要旨を記す。

下関賠償金については他の三か国公使は支払いをしきりに希望したが、私は同意しなかった。私は賠償金を受けとらず、本国へ「是《これ》は返却する方宜《よろ》しかるへし」と進達した。自分は合衆国にいるとき連邦議会の審議で下関賠償金返還に賛成した。そのときのグラント大統領の教書を一読しよう。大統領は度たび賠償金を返すべしと申したが、議会が同意せず

「一旦は受取に相成候」。

さらに、ビンガムは、過半の連邦議員は大統領と同意見だが、三月に議員の交代があり新議員の意向はわからない、と付言する。彼が本国へ進達した内容がグラントの意に沿うこと、今回の賠償金受領が不本意なものだったこと、を日本政府に伝えたかったのだろう。

ビンガムは駐日公使に任命（一八七三年五月三十一日）される前、連邦議員をしている。彼が寺島の前で一読した大統領教書は、その議員時代のものだが、どの年の一般教書かは特定できない。ここではこの対話の一か月ほど前（一八七四年十二月七日）に発表された、グラントの教書をみてみよう。アメリカが賠償金残額を受領した四か月後である。

これまで何回かの機会に、一八六四年〔元治元〕に協定された賠償金をさらに支払うことから、日本政府を免除するのは妥当かどうか提起したが、なんらの決定もえられなかった。それで、私はその協定を守らざるをえず、他の国と同様に賠償金残額を受け取った。

私は、その全額とはいわないが、次のような資金にあてるのが適当と思う。多くの若者たちに日本語を学ばせ、在日公館の通訳などとして勤務させる。同時に、日本の青年たちにも我々の国語〔英語〕を勉強させたい。言葉に親しみをもち使いこなせるようになるのは、とても大切なことである。（『下院議事録』第四十三議会二期、より筆者訳）

グラントの熱意が伝わってこよう。これにあるように連邦議会は長年、本件に消極的だった。ようやくこの教書が発表された頃から、議案が動きだす。が、それは「一院之ヲ可トスルモ他ノ一院之ヲ可トスルニ及ハス」（井上外務卿）という状況がつづく。結局、この教書から本件結実をみるまでに八か年を費やすことになる。次にその議会の実際をみてみよう。

なお、グラントがいう賠償金を語学教育の資金に活用しようという話は、森公使の活躍によりアメリカの文化人らが起した賠償金返還運動の影響もあったと考える（本章4）。

3　議論百出、審議に八年

賠償金の使途に諸説粉々

一八七四年（明治七）七月、日本政府は賠償金残額一五〇万ドルを完済した。その十二月、グラントが一般教書のなかで賠償金の一部を日本語教育などに使うことを提案する。この使途という具体的な話になると、大統領の意に沿う議員の間でも考え方はいろいろ。この頃、本件の議案を準備するうえで、賠償金を何にどう配分するか、が大きな論点になっている。

翌七五年二月十八日付のニューヨーク・イブニングポスト紙は、第四十三議会下院で日本賠償金の議案を作成中と報じた。その記事のあらましは次のようである。

賠償金総額は一二〇万〔原文のまま〕ドルに達している。うち、約九〇万ドルは国務省預かり分が運用により増殖した額、三七万五〇〇〇ドル〔前年、アメリカが受領した賠償金〕は目下、日本より回送中の額である。起草された議案によると、総額は次の四つに配分されている。

＊三七万五〇〇〇ドルは日本政府へ返還

＊一二万五〇〇〇ドルはワイオミング、ターキャン両号〔下関事件に参戦した合衆国艦〕の士官・乗員の賞与

＊三〇万ドルは国務省で保管、その利息で両国少年の若干名を在日公館の通訳として養成

＊四七万五〇〇〇ドルは財務省の収入

そして同紙は、この議案は諸説を折衷したものに過ぎないと論評。加えて、本案は議決に至らないだろうという。なぜなら、現議会が閉会〔翌三月〕ちかくで討議日時がないからと。

また、この二日後の新聞報道では賠償金の折半配分案が紹介されている。すなわち、半分を日本に返還、半分を在日公館の通訳養成にあてるというもの。

さらに、同じ頃、駐米特命全権公使吉田清成から寺島外務卿あて書簡〔二月三日付〕では、各州議員の意向は賠償金返却に傾いているものの、その使途は議論があって一定しないとして、次の四案〔要旨〕が記されている。

一　サンフランシスコにオリエンタル学校を設立

二　ワイオミング号士官の賞与

三　東京に英学大校を建設、アメリカ人の教師が同校を統轄

四　この金は日本政府より奪ったものなので、戦費二万ドルを除き、条件なしで日本に返還

し「掠奪ノ跡ヲ消滅セン」

以上のように、ようやく連邦議会内で日本の下関賠償金問題が取りあげられるようになった。賠償金返還という異例な案件だけに、さまざまな意見が飛びかう。両院とも一致して承認する処分案はみつけられるだろうか。

返還案件、小差で上院可決

一八七六年（明治九）、第四十四議会上下両院に「日本償金ニ関スル議案」が上程された。上院に三月二十二日、下院には四月四日、それぞれの外交委員より提案される。上院では三回の討論を経て、五月十一日に小差ながら可決をみた。一方、下院は議決に至らなかった。上院の審議状況から述べよう。

上院に出された議案（S・六二六号）の概要を記す。

＊第一条　賠償金のうち一二万五〇〇〇ドル（第二条により使用）を残すこと。この余と利息分を「他国ト合衆国ノ交際上障害ナクンバ」日本政府に返還するか、その収入をもって「教育ヲ奨励スルノ資」にあてるため同政府の了承をえて委託すること。

＊第二条　合衆国艦両号士官らの要求を裁定すること。もし要求を正当と認めるときは、その支給に「海軍償金分与ノ法令」に準拠した額等を、残した一二万五〇〇〇ドルのなかより配分すること。余剰あるときは第一条の方法により返還せよ。

本件について、提案者より詳細な趣旨説明がされている。まず、受領した賠償金七八万五〇〇〇ドルが現在、利息とも一二五万ドル余になっていること、この処分問題がかねてから大統領教書、議会あて建白により提起されていることを述べる。そして、下関事件の起きた背景、その戦況、講和条件などにふれ、賠償金について次のように言及（大意）する。

この賠償金で未処理なのは両号士官らの要求のみ。法令により敵国船への攻撃でなければ賞与は受けられない。が、本件では死傷者（ワイオミング六名戦死）もあり、彼らは賠償金の「幾分ヲ受ケ得ベキ」と考える。他の事情も熟慮し、以下の四点を決議した。

一　本事件の源は日本政府の故意によるものではなく、政府が暴挙を制止できなかったことにある。

二　実費補塡《てん》に必要な額以上の賠償金を「弱国ヨリ」受領するは、合衆国の真意でない。

三　日本は開国以来「人民ノ教育其法令及政体等」キリスト教国と類似してきており、これを「奨励スルハ合衆国ノ真意」なり。

四　本決議は、未決の案件を終審するため士官らの要求の判定を大統領に任せ、その他の金額を利息とも返還することを勧告するものである。

この議事では、第一条の「交際上……」の文言が問題になり、他国との関係はありえないとする意見が述べられた。また、第二条の士官らに支給する金額を賠償金から出すことに反対する声があった。その後の討論で、日本側から賠償金に関し請求がないのに「之ヲ返還スルハ日本政府ニ対シ失敬」として第一条を削除する動議が出され、否決（二四対二九）された。これに関連して、第一条を削除し全額を財務省の収入にする動議も提出されたが、やはり否決（一九対三二）されている。

このような議論を経て、本議案はかなり修正されることになったが、上程の翌々月に可決（二四対二〇）をみた。そのときの議案は次のとおり。受領した七八万ドル（実際は七八万五〇〇〇ドル）から、戦費（一万九九五六ドル）と士官らの報酬金（一二万五〇〇〇ドル）を差し引いた六三万五〇〇〇ドルを無利息で返還、その余りは財務省へ納入する。これによると、日本から受け取り後の利息分は国庫の収入とされた。この点が原案との大きな相違で、以後もこの利息の帰属問題が論じられている。

さて、下院での審議はどうだったろう。上院より二週間後れで議案（H・R・三〇二四号）が提出された。その概要を述べよう。

国務卿が保管する日本賠償金は、海軍士官らの要求する一二万五〇〇〇ドルを差し引き、その余と利息分を日本政府に交付すること。

だが、この議案は上程から一か月すぎても実質的審議に入っていない。吉田清成公使が五月十一日の上院議決を外務卿に伝えた報告でも「右議案決議セシ旨速ニ下院ニ達セリ然レトモ未タ下院ニ於テハ議論ニ渉ラス（中略）今回会中決議ニ至ルベキヤ測リ難シ」とある。結局、下院では審議未了だったようだ。

議事進まず

前述したように、一八七六年（明治九）に提出された議案は、上院を通過したが不成立に終わる。その翌年三月、グラントは大統領を退任する。連邦議会では以後も本件が取りあげられるなど、一部の議員らに日本賠償金への関心が高まりつつあった。だが、第四十六議会の一八八〇年（明治十三）は、まだ成立に道が遠かった。

当時の状況をみてみよう。上院には一月十二日、「日本償金ニ関スル議案」（S・一〇〇二号）が上程されている。そのあらましは次のとおり。

＊第一条　国務省所管の金額とその利息分を日本政府へ返還すること。ただし、右利息中より一二万五〇〇〇ドルおよび参戦したターキャン号の実費一万一九八八ドルを差し引くこと。

＊第二条　ワイオミング、ターキャン両号の士官らへ一二万五〇〇〇ドルを功労金として付与すること。

この議案は、第四十四議会のときの上院の可決案にくらべ、次の三点がちがう。一つは利息分を含めて日本へ返還、二つは士官らの賞与と戦費を利息（賠償金ではなく）から差し引く、三つめは戦費を実額（ターキャン号のチャーター代であろう）に限定、である。

また、下院にも同年三月三十一日に議案（H・R・一三五三号）が上程される。その骨子を示す。

賠償金元高に返還決議の日より「五朱ノ利子ヲ添ヘ」日本国に返還し、その残金は参戦した士官らに給与、なお残余あれば財務省に納入すること。

本案では、返還する利息分は、賠償金元額を基本として決議の日よりの五パーセントに限っている。この議案に対し、提案者の外交委員長が、ペリー渡航による和親条約の締結（一八五四年）から近年までの日本の歩みを詳細に報告した。そして次のように付言する。

「日本国ヲ文明ノ域ニ誘導シタルモノハ米国人」である。受け取る理由のない金を保有するのは「米国ノ栄誉名声ヲ損スルニ至ラン」

この時期の上下両院の議案には、かつてみられた日本の教育振興のため、などは消えている。返還は無条件で、という意向が強まったことがわかる。使い途より利息分の扱いに関心がもたれるようになった。

残念ながら、せっかく上程された両議案だったが、本格的な審議が行なわれた跡は認められない。議員の多くが、本件に日和見《ひよりみ》的で発言をひかえたのだろう。が、翌八一年、本議会の期末に事態は一変する。

急転、大差で上院可決

第四十六議会は一八八一年（明治十四）三月三日に閉会する。この期末にちかい一月十三日、上院に新たに日本賠償金の議案（S・二〇二二号）が提出された。これも当初は「容易ニ決議ノ模様モ無之」（吉田清成公使の報告）という状況だったが、閉会直前に走りだす。熱心な討議がはじまり、議会最終日に圧倒的多数で可決する。下院は時間切れだったが、議員たちの本件への取り組みが急転したのだ。この議案の要旨は、次のとおり。

元利総計一七一万一二二四ドルのうち、海軍士官の賞与に二四万八〇〇〇ドルをとどめおき、残金一四六万三二二四ドルを日本に返還。

本案は上院の議決後、下院でも討議に入る段取りだったらしい。また、士官への給付金が従来の議案にみられる額の約二倍、それだけ合衆国の留保額がふえることになる。返還推進派が成立を目指し配慮したのではないか。なお、焦点の利息分は本案では返還することにしている。

さて、上院の審議はどうだったか。『議会議事録』（第四十六議会三期）によると、二月二十八日の本会議にS・二〇二二号も取りあげる動議が出、これに対し議事日程にないのになぜ、といった発言もみられた。だが、翌一日と三日の両日、活発な討論が展開される。結局、元金の返還に抗議する者はなく、利息分の償還に反対する議員が数名あっただけ。

採決の結果、賛成四六、反対六、欠席二三の大差で可決された。ただちに議案は下院へ。このとき上院より、本案に下院も賛成することを要望するとのメッセージが寄せられた。とはいえ閉院日の、しかもその夜。結局、未決の議事で終わる。

だが、今回は第四十四議会上院での僅差可決とは大ちがい。返還派はもとより日本側も、実現にたしかな手応えを感じたはずである。本議決から四日後(三月七日)、吉田清成公使は井上外務卿あてに「〈グラント氏〉ノ影響有之儀ト存候」としたためた機密信を発する。

また、吉田公使は本件決着時にそなえ、外務省に「下ノ関償金米国ヨリ返還ノ際心得方」を問い合わせている(三月二十五日)。合衆国全州に即時報道される機を逸せず、日本を代表して感謝の意を現わそうとするもの。同省は吉田清成あて十二月二十四日、次の「回答文案」を送った。

我政府ハ深ク貴政府ノ公正無私ナルコトヲ感佩《ぱい》〔深く感じ忘れない〕シ欣然《きんぜん》〔よろこんで〕之ヲ領受スヘシトノ命アリ因テ今爰ニ謹テ之ヲ閣下ニ通知ス(中略)将来愈《いよいよ》ヨ両国交誼ノ親密ナル可キハ拙者ノ深ク信スル所(後略)

この年末、吉田は帰国(翌八二年一月横浜着)することになり、あとに高平小五郎(臨時代理公使)が就く。

元利とも返還で両院対立

第四十六議会の急転可決の流れを受けて、第四十七議会(一八八一年十二月—八三年三月)は順調にはじまる。この会議の模様は『明治文化全集』六巻にくわしい。まず、下院にH・R・一〇五二号「日本償金返付ニ関スル議案」が提出された。おおむね次のようである。

賠償金は元利計一七六万余ドルに達している。これより、砲撃に列した二艦の戦功金二四万余ドルを差し引き、一五一万余ドルを全額日本へ返還する。

この議案は一八八二年（明治十五）二月、満場一致で可決される。その内容は前議会上院を大差で通過した議案とほぼ同じ。日本への返還額の差、五万ドルはその後の利息分の増。本案は上院を難なく通過するはずと思われた。

ところがである。下院から送られた議案は、上院の同年五月二十四―三十一日の審議で「反論百出」（高平公使の報告）という展開に。この期に及んで返還消極派が一矢を報いようとしたらしい。

たとえば、一八六六年の慶応の大火に被災した駐日領事の書籍など焼失品の損害一万五〇〇〇ドルを、日本賠償金より弁償せよとの議論。また、この賠償金をアメリカが受領したのはイギリスなど他の三国の協力によるものなので、その返還には三国との協議が必要との主張である。そのうえ、この賠償金返還が日本公使館のロビイング（議院の控え室＝ロビーで行なう陳情活動）によると指摘される。その発言はかなり刺激的だった。議決されても金額の「大半ハ中間ニ居リ周旋尽力候者ノ掌中ニ入ル」と。さらに、周旋に動くM（米国人）は日本政府の「顧問」であるなど。

ただちに、高平公使が国務長官に面接し、「我政府ニテ本案ノ議決ニ関与セサル事」と陳弁につとめる。なお、ロビイストに名のあげられたMは、のちに日本側に報酬を要求、政府がその対応に苦慮することになる（本章7）。Mは「顧問」ではないものの、日本の立場を議員に理解させようと働きかけていたのだ。
以上のような上院の予想外の混乱から、下院案（利息とも日本へ返還）は次のように大きく修正された。返還は利息を含まず元金のみ、二艦の戦功金は財務省より支出。本案でようやく上院の可決（三五対一三）をみた。それを知らせる高平の電報（一八八二年六月十五日）をみてみよう。

去月廿四日以来長議論ノ末、下ノ関償金元額ノミヲ米国公使の手ヲ経テ日本へ返還スヘシトノ修正案ヲ議決シタリ。之ニ関スル公債証書ハ一切消却シ（中略）下議院ニ於テモ不日議決ニ至ルベシ。

この報告で、下院でも近日中に議決になろうとあるが、そう簡単ではなかった。上院での修正案は下院で排斥決議（六月二十七日）され、上院へもどされる。これに対し、上院はあくまで修正案支持を表明（翌二十八日）。こうして両院は、利息返還の是（下院）非（上院）をめぐり対立した。

元金のみ返還で両院一致

連邦議会に上、下院案を調整する場として両院協議会がある。本件について、両院から任命された協議委員（各三名）により意見交換が行なわれることになった。協議会では、数か月にわたり両院の主張が平行線のまま、収束に難航する。ようやく、会期末（翌八三年三月）も迫った二月十日の会合で一つの案にしぼられた。

それは上院案を調整案（報告書）とするもの。これを委員六名中、賛成五、反対一（下院委員）で決定した。下院委員二名の大局的見地からの譲歩でまとまる。その一委員がいきさつを報告（下院本会議）している。

上院側は「元金ヲ日本ニ返スハ我々ノ好ム処ナレトモ利息ハ返スニ及バズ」と主張。下院委員は「此ノ金額ハ不正ノ所為ヲ以テ得タルモノ（中略）元金ハ固《もと》ヨリ利息タリトモ一銭一厘モ余ス処ナク返ス」べきと論じた。が、「少シク意見カ差《たが》フ為ニ大事ヲ空シクシテ可ナランヤ」と八か月熟考のうえ、上院案を承諾することにした。

この調整案は両院の本会議で審議された。下院（二月十六日）では「半分返シテ半分ヲ我ニ私シスルハ実ニ恥辱ナリ」と、利息とも返還を強調する声もあった。が、結局、調整案を承認（一三三対二七）した。一方、上院（二月十七日）は、いうまでもなく同案を多数をもって認めた。ここに議論百出の八年にわたる議会審議は幕になる。

翌二月十八日、昨日「原額ヲ返還スルコトヲ議決セリ」とワシントンから東京へ打電したのが寺島宗則公使であることは前述（本章2）した。寺島はこの四か月前（一八八二年十月）高平小五郎と交代、公館入りしたばかりのときだった。

かくして、連邦議会は二月二十二日「日本償金資本ニ関スル議決」を大統領に送付。これにより、財務省にある予算外の七八万五〇〇〇ドル八七セントを駐日公使を経由して日本に納付することが、C・A・アーサー大統領（第二十一代）の手にゆだねられた。彼は翌二十三日、これを認可する。

この結実を報じた寺島より外務卿あて二月二十六日付の書簡は、かなり長文である。グラント元大統領にふれ次のように結ばれる。

グラント氏ハ年来本件ニ付苦心助力相成《あいなる》……差当リ書面ヲ以テ本件落着ノ謝詞申述置候間、其内我政府ヨリモ相当ノ御挨拶有之候様致度此段乍 序《ついで》申進候也
四月十九日、駐日公使ビンガムが外務省へ。合衆国財務省ふりだしの「為替券」（三月二十一日付）、本件の連邦議会議決書（写し）および合衆国政府の達書を井上外務卿に手渡す。四月二十七日、三条太政大臣が「金額受取候上ハ大蔵省へ納付スヘシ」と指令。

ここに長年にわたる日米外交の懸案問題は決着をみた。

4　日本外交はどうかかわったか

森公使とランマン

森有礼は日本外交の先駆者として知られる。アメリカ合衆国の初代公使（小弁務使、のち代理公使）として一八七一年（明治四）赴任する。二十四歳という若さだった。七三年まで滞在。大統領はグラントの時代である。

森公使には「先生ともいうべき米国人」がふたりいたと、I・ホールは書く（大久保利謙編『森有礼全集』三巻）。国務長官フィッシュと物理学者J・ヘンリー（国立博物館理事）である。日本流にいえば、両氏からかわいがられたということだろう。

ワシントン入りしてまもなく、森はフィッシュ長官から、国務省で保管中の下関賠償金の処理について相談を受ける。日本側はこのときはじめて、賠償金が連邦政府の国庫（財務省）に納められていないという事実を知ったわけである。また、ヘンリーからは有能な秘書を紹介してもらう。C・ランマンである。彼は長く新聞編集に携わり、連邦議会下院図書館長などもつとめた人物。五十二歳の働き盛りだった。文筆家としても知られ、公使館時代にも『アメリカにおける生活と資源』（序文・森）などを執筆している。

森と合衆国文化人との交際は有名だが、就任早々から高名な教育家らと接触したり、連邦議会で演説したりできたのは、ランマンの力が大きかったからだろう。これら森の文化面の外交から、アメリカの知識人による下関賠償金返還の世論喚起の輪が広がっていった。

ランマンは、日本の賠償金が国務省預かりのままになっていることをヘンリーに伝えた。ヘンリーは、教育に熱心な森の意向もいれ、その賠償金を「日本国教育ノ費ニ供セン為メ之ヲ返還セン」との文書を連邦議会に送る。一八七二年のことである。

また、コネチカット州教育委員会幹事で、親日家として知られるB・G・ノースロップも、上下両院へ賠償金返還の要望書を提出（同年）する。その要旨は次のとおり。

国務省で保管中の「未夕其用方ヲ決セサル」日本賠償金を、ただちに日本政府に返還するのに障害あれば、「日本国人民教育ノ目的」に用いるべきである。合衆国民が「面目ヲ施シ併セテ日本国民ノ利益」になるよう配分を決められたく要望する。

さらに、彼は「日本償金一件」という長文の意見書（同年）を書く。そして、同内容の書面をコネチカット州議員に送付する。その大意を記す。

*下関事件の合衆国戦費は約二万ドルに過ぎない。

*日本政府から受領した賠償金が国務省に預けられ、元利計七八万余ドル（一八七二年三月）になっている。

*森公使は、返還されれば教育の費用以外には一ドルも使わないと明言。

*日本は新学制の施行期で、返還には好機会。

森は彼にかなり突っ込んだ話をしていたことがわかる。

なお、日本政府はノースロップを文部省学監に迎えようとした。だが、彼が辞退したので、D・モルレーが着任することになったという（『森有礼全集』三）。

以上のように、森の文化人との親交が、埋もれていた賠償金問題をアメリカの知識層に知らしめることになった。そして、彼らが立ちあがり熱心に運動した。岩倉具視がワシントンに滞在中、賠償金三七万余ドル解消の議案が下院で可決（同年五月）された背景に、彼らによる先のような世論喚起があったといえる。

さて、日本公使館の文化交流に重要な働きをしたランマンだったが、森公使と必ずしもうまくいってなかったようだ。ランマンは同年八月、公使館を退職している。それも、一年間の契約満了とともに彼の意に反しクビにされたのだ。理由は明らかでないという。順調にみえた森・ランマンのペアだが、こんなにも短期間だったのに驚かされる。

が、一方、ランマン家と四十年にわたり交際をつづけた日本女性がいる。津田梅子（女子英学塾〈現津田塾大学の前身〉の創立者）である。第一章で岩倉使節団に同行した留学生にふれたが、なかに北海道開拓使から派遣された女子留学生五人もいた。そのひとりが梅（梅子）。海を渡った彼女はランマン家の二階でほぼ十年を過ごす。梅が五人の娘のなかでもとくに幼少（出発時六歳）なので、公使館員のランマンが預かることになったらしい。先に紹介した岩倉大使一行出発の絵（第一章1）をもういちど見てほしい。絵右下端の大久保兄弟の乗るハシケのすぐ上の小船に、女性六人らが描かれ、左から五人目が梅といわれる。

津田梅子　『開拓使日誌２』（東京大学出版会）から

ランマン夫妻には子供がなく、夫人は彼女をわが子のようにかわいがったという。梅子は、帰国後、外遊のつど同家を訪れる。ランマン他界（一八九五年）後は、老いた夫人をいたわり慰めた。一九一三年（大正二）に見舞ったときが最後の別れになった。翌年、夫人の訃報が梅子のもとに届く（吉川利一『津田梅子』）。

吉田公使に機密訓令下る

吉田清成は一八七四年（明治七）十一月、特命全権公使に任命された。八一年十二月まで在任。大統領はグラントとR・B・ヘーズの時代である。七八年、税権回復を目的に国務長官との間に結ばれた吉田・エヴァーツ条約（日米約書）は有名である。八一年、下関賠償金返還議案が上院で大差可決されるまでを見届けた。

吉田公使は、着任直後に森と親交のあったヘンリーに会う。彼から、賠償金を「コンヂションナク返却スルヲ最モ公然至当ナリ」との話を聞きだし、その協力を取りつけている。賠償金の使い途を無条件で（教育振興に限らず）という説は、一八八〇年頃は当り前になるが、当時は珍しかった。

森公使がランマンを一年でクビにしたことを前述した。吉田はふたたびランマンを公使館に勤務させている。ヘンリーからなんらかの口添えがあったものと思う。ヘンリーの無条件返還という進んだ発言には驚かされるが、吉田がワシントンに到着した頃は一般の日本賠償金への関心はうすかった。連邦議会でも、ようやく本件が取りあげられるようになったものの、依然反対を主張する議員がかなりいた。

この状況を打開するため、日本政府は二つの方針を決めた。一つは、吉田公使に「職外ニ在テ」（非公式に）賠償金返還を進めるよう内訓（機密訓令。一八七五年）した。二つは、今後、来日するアメリカの賓客に本件をひそかに働きかけることである。

吉田は難しい立場にたたされた。あくまで「交際上ノ公務」ではなく、議会審議に影響を与えたり、その疑いをもたれたりしないように行動しなければならない。公使館では、一八七七年頃よりランマンらが「米国人民ノ資格ヲ以テ」議員と接触していった。彼らのなかに、第四十七議会上院で名指しされたMもいたのである。

一方、来日の賓客への対応は、舞台がアメリカから離れているだけに取り組みやすい。また、維新後の実情を目の当たりにしてもらう意味も大きい。すでに、一八七〇年（明治三）に訪れた元国務長官シュワードのときに明治政府は経験している。彼は、自ら発意した賠償金返還の信念をさらに固めて帰国した（本章2）。

一八七六年（明治九）に訪日した前国務次官カトワラダーは天皇に謁見している。寺島宗則外務卿、鮫島尚信外務大輔がそろって彼の応接にあたった。その三年後、前大統領グラントが来日することになる。日本政府は彼を国賓として迎えることとし、その対応に吉田公使を一時帰国させて接伴掛にすえ、万全を期した。

5 「強奪シタル償金ヲ日本政府へ」

日本賠償金案件の議会審議は紆余曲折の長丁場だった。このなかで、一八八一年（明治十四）に転機が訪れた。すなわち、三月三日、議案が上院を大差で通過し、その二年後（八三年二月）には本件が成立する。この転機はどうしてもたらされたのだろう。

実は、上院可決の三日前（二月二十八日）、グラントは新聞紙上で、「合衆国政府ノ強奪シタル償金ヲ日本政府へ返還」について語る。この記事（のちに詳述）が本審議に影響を与えたのではないだろうか。「強奪」という激語から、彼が大統領時代にもまして本件成立に意欲的なのが示唆される。

グラントのこのような賠償金問題への積極的姿勢は、その二年前の日本訪問と関係があったのだ（後述）。帰国後、彼はますますこの返還実現に力をいれる。日本滞在中、歓迎会で酔っぱらって顰蹙《ひんしゅく》をかったりしたグラント（大酒飲みで有名）だが、飲んでいただけではなかった。

グラント将軍の来日

アメリカ合衆国には、歴代大統領の成績表（順位）というものがあるという（高崎通浩『歴代アメリカ大統領総覧』）。五段階評価で、「偉大・ほぼ偉大・平均・平均以下・落第」というからきびしい。リンカーンが常に「偉大」中のトップの座を占めるなら、グラントは「落第」が定位置とのこと。

この低空飛行の大統領職を終え（一八七七年三月）、グラントは、しばらく国民の前から姿を消し再起を目指そうとしたのだろう。その五月、夫人と子息をともなって世界一周の旅にたつ。ヨーロッパ・インドなどを周遊したのち、清国（中国）を経て七九年（明治十二）に来日する。我が国が最後の訪問国だった。二年余にもわたる大旅行である。

日本には、六月二十一日の長崎入港から九月三日の横浜出帆まで、二か月半滞在。この間、吉田公使（接伴掛）はグラント将軍夫妻の宿舎となった延遼館（当時の迎賓館。浜御殿〈現在の浜離宮〉にあった）で起居をともにする。外国事情に通じ、しかも前大統領に面識のある吉田が一行歓迎の中心的な役割を担った。ミセス・グラントには吉田夫人がつきそう。

「グラント将軍と御対話」　明治天皇の背後に立つのは吉田清成。大久保作次郎画　聖徳記念絵画館蔵

グラント来日を描いた絵画も聖徳記念絵画館にある。大久保作次郎の「グラント将軍と御対話」だ。前大統領、明治天皇および吉田（通訳）の三人が大きく描かれている。八月

十日、浜御殿中島御茶屋の光景で、グラント五十七歳、天皇二十六歳、吉田三十三歳である。市民を代表してグラント歓迎の接待役をつとめた渋沢栄一（当時東京商法会議所会頭）が、この絵を奉納した。

さて、グラント一行がリッチモンド号で長崎港へ入ったとき、伊達宗城《むねなり》（旧宇和島藩主）、吉田らが出迎えた。グラントの書記として随行したJ・R・ヤングは、『グラント将軍日本訪問記』（宮永孝訳）にその様子を次のように書く。

このような旧大名を遣わしたということは、天皇が貴賓に対して最大の敬意を払っていることの現われであった。吉田氏は駐米公使としてよく知られており（中略）将軍は日本に到着するや、天皇の高貴なる名代と旧友に会う喜びを味わったのである。

翌日（六月二十二日）、当時めずらしかった記念植樹を行なう。長崎県令・内海忠勝《ただかつ》が用意したものだが、吉田の計らいといわれる。いま長崎公園に、グラント将軍手植榕樹《ようじゅ》の碑があり、将軍の手記が刻まれている。訳文に、「繁茂成長シ永遠ノ寿ヲ保チ以テ日本ノ将来ヲ表明セン事ヲ」とある。実際の手植樹はアコウで、現在は二代目という（『長崎辞典』歴史編）。

内海忠勝は、岩倉使節団の一員として海を渡っており、グラントとは面識があった。また、横浜築港とも縁のある人物。のちに神奈川県知事（明治二十四―二十六年）に就き、三十四年には内相に就任する。

横浜港には七月三日に入る。グラントと旧知の岩倉、伊藤が出迎えた。翌四日、宮中に参内、天皇、皇后に謁見する。その夜、日米共催によるアメリカの独立記念パーティに出席。以後、送別の夜会（九月二日）まで各種行事がびっしり。この間、天皇に会うこと六回におよび、歓迎の宴、園遊会は連日のように開かれた。また、花火見物や観劇に招かれ、日光・箱根への避暑旅行にも接待される。グラントは最上の歓迎を受けた外国人といわれる。

東京に住む青い目の少女が、これらの席にときどき呼ばれていた。先のクララ・ホイットニーだ。グラント夫人を訪ねてもいる。十八歳の目に映った将軍歓迎が、ありのまま彼女の日記に述べられている。その華やかな様子もうかがえるので、引用してみる。

七月五日〔昨夜、上野精養軒〕

将軍夫妻が、ヘイル・コロンビアの吹奏裡にしっかりした足どりでホールに入場され、（中略）森氏〔元駐米公使〕が私を紹介された。（中略）暖く私と握手され、「始めまして、ミス・ホイットニー」と親切に挨拶されたが、光輝ある星条旗の下で、（中略）私は感動の極に達し、（後略）。

七月八日〔工部大学校の夜会〕

将軍の隣でアメリカの公使の吉田氏が男の方達を紹介した。（中略）井上馨〔工部卿〕夫人はクレープデシンの美しいイブニング（中略）三条〔太政大臣〕夫人、大隈〔大蔵卿〕夫人などは宮中の正装姿（中略）日本人はグラントを王族より丁重に扱っているそうだ。

七月十六日〔新富座〕

グラント夫人は宮様方の隣りに座り、次が吉田夫人（後略）。
大拍手の中に幕が降り、太政大臣夫人と腕を組んだグラント将軍を先頭に（中略）ギャラリーへ（中略）ロシア公使の榎本氏は森夫人に腕を差し伸べ、榎本夫人はアメリカ公使の吉田氏にエスコートされ、森氏は私の腕をとり、（後略）。

クララは「アメリカ人すら、その歓迎ぶりには驚いている」と記す。それがいつまでもつづくから物騒な話も飛び出る。八月九日の日記に、駐日米公使のもとに「もしグラント将軍が早く帰らないと、暗殺されるだろう」という手紙が届いたと書かれている。その日はグラント来日から五十日目だった。このおどしの犯人はあるイギリス人だったという。グラントの評判をねたんで仕掛けたらしい。また彼女は、吉田のことを世間は「将軍の〈手下〉と呼んでいる」という。こうみられるほど、ふたりはいつも一緒だった。

東京でも記念植樹が行なわれた。八月二十五日、上野公園で東京府民のグラント大歓迎会が、天皇臨幸のもと開かれた。この場で、グラントがローソンヒノキ、夫人がタイサンボクを手植え、それぞれ「グラント扁柏《ひのき》」、「グラント玉蘭《ぎょくらん》」と命名された。苗木は西洋樹にくわしい津田仙《せん》（津田梅子の父）が栽培したものという。

この植樹に天皇が興味をもったらしい。歓迎会のあと、太政大臣が吉田接伴掛に宮内卿にその説明をするよう指示している。

一方、おもしろいことにアメリカ娘のクララは、この日「津田〈仙〉さんのお招きで」出席したのに、グラントの手植えに関心を示していない。日記に、今日は「御前試合を見物した」と書きだし、「ヤブサメ」、「ホロビキ」（母衣引き）、「イヌ・オウ・モノ」（犬追物）などについて多くを記している。が、植樹にはひと言もふれてない。クララにとってはそれは珍しいことでなかったのだ。

グラント夫妻手植えの二株の苗は、いま小松宮銅像の後側に、一〇余メートルの高さになって大きく枝を広げている。かたわらに、「グラント将軍植樹碑」（清水組設計）がある。グラント来訪五十年（昭和五年）を記念し、渋沢栄一らが発起人になって建立したもの。碑には、グラントの浮き彫りと「平和を確立せよ」の座右銘がブロンズではめ込まれている。

「朕ハ熟考セン」

先のヤング書記は、グラントが天皇に謁見したとき（明治十二年七月四日）、握手を交わしたことにふれ次のように書く。「日本の歴代皇帝の歴史で、このようなことは未だかつてなかったこと」（ドナルド・キーン『明治天皇』上）。しかし、この事実は明らかでないという（同）。その以前にも、天皇は外国人賓客とかなり会っている。

それにしても、グラントの場合、二か月の間に天皇と六回も握手を交わしたらしい。これはかつてなかったのは確かだろう。そしてもう一つ。天皇とふたりで二時間余も話し合った。こんな経験をした外国人はいないだろう。その中島御茶屋（八月十日）での会談は先の絵のように行なわれた。

これに陪席したのは三条太政大臣と吉田だけだった。グラントは、西洋諸国のアジア政策などについて、各国に遠慮することなくきびしく批判した。外交官の本音もずばり暴露している。それは、新生日本のために、慈父のような心で忠告するものだった。ヤングが記述したと考えられている「御対話筆記」（島田胤則訳、『グラント将軍御対話筆記』）が残されている。直言のいくつかを記してみる（要旨）。
＊諸国の官吏は「利己主義ニ執着シ」、日本や清国の権力を「顧ルモノノ如キハ殆ト希《まれ》」。「其不正貪《どん》慾」を耳にするにつれ私はいたたまれなくなる。
＊外国より金を借りるは禁物。各国は、「弱国ニ債ヲ負セ」「ソノ権威ヲ振ン」とねらっている。
＊琉球事件などで清国と談判の折には、外国の干渉を受けるな。ヨーロッパ諸国は「日清間ニ事起ルアレハ、却テ幸トシ、自ラ利益ヲ占ン」とす。「和議」をすすめよ。
このほか、関税自主権（日米間には吉田・エヴァーツ条約が調印されていたが、イギリスなどの反対で未実施）、議会開設、教育問題などに言及した。

最後に、天皇は「貴卿カ言フ所ハ悉《ことごと》ク朕カ耳ヲ傾ケテ聴キタリ、朕ハ熟考セン、深ク貴卿カ好意ヲ謝ス」と述べる。天皇の本当の気持ちだったろう。グラントは、日本で話したことは「実に深く僕の心中より出るもの」と帰朝を知らせる吉田あて書簡（『吉田清成関係文書』、以下、吉田あて書簡は同書から）に記す。

前大統領の日本への助言が、実際に政府内の混乱を救っている。翌十三年五月、財政ピンチを脱するため、大隈参議が五〇〇〇万円外債発行案を提出した。本案をめぐって、内閣は分裂さわぎに発展、容易に決着をみなかった。結局、天皇の裁断で発行が中止される。その勅諭に、グラントの忠告なお耳にあり（『岩倉公実記』）とある。

「日本国ニ対シ我レ曲事ヲ」

クララ嬢は、こんど将軍が「大統領になられたら、あんなにひどくお酒を飲むことはやめて欲しい」と記している。これからすると、彼は、大勢の前でもかなり奔放に振る舞っていたようだ。一方、クララはグラントの宿舎で、西郷〔従道《つぐみち》〕や伊藤らを見かけ（七月十四日）、岩倉や三条らが熱中して話しているのを目撃（八月二十九日）する。

このように、政府高官らはしばしばグラントを訪ねた。彼の日光旅行も単なる避暑ではなかった。日清間で懸案の琉球帰属の件について話し合われている。グラントは、来日前、清国で本件の日本への橋渡しを頼まれる。清国の意を日本政府に伝える場が日光だった。彼は両国の工夫で友好的に解決を図るよう勧めた。同席したヤングによると、西郷は英語を話せなかったが、伊藤は「流暢《ちょう》」だったという。

このような状況のなかで下関賠償金のことはどうなったのだろう。公にできるものではないから、当然、記録には残されてない。そこで、前述の「強奪……」の記事（『ニューヨーク・ヘラルド』一八八一年二月二十八日付）である。これは、賠償金返還についての将軍とのインタビュー。なかで次のように訪日にふれる。

予日本ニ駐在ノ日、善ク其全論ヲ識了スルヲ得、益々予大統領タリシ日ノ論説ヲ確定スルニ至ラシメタリ。其論説タルや他ニ非ラス則《すなわ》チ日本国ニ対シ我レ曲事ヲ為《な》シタレハ、償金ヲ返還シ以テ我輩ノ責任スル一部ヲ竭《つく》ササルヲ得サルナリ。

グラントは日本滞在中に、下関賠償金のすべてを知ったという。きっと、この約定に至る経緯もくわしく聞いたことだろう。元長州藩士の伊藤や外交官として渦中にいる吉田が熱弁を振ったにちがいない。そして、グラントは年来の主張をあらためて確信、その返還を自らに課して帰国したのだ。

実は、彼はこの重い決断を岩倉に打ち明けていた。のち岩倉は、吉田あて書簡（一八八一年三月付）にこのことを書き添えている。

右件〔償金返還〕に付てはグラント氏十分尽力して、当期議院にて是非議決相成候様可取計旨明言せし事も有之（後略）。

ここにいう「当期議院」とは第四十六議会（一八七九年三月—八一年三月）である。

グラントが当事者（岩倉）に胸のうちを明かしたのは、その意志の固さの現れにほかならない。約束の会期とはいかなかったものの、次の四十七議会でこの長年の懸案に終止符が打たれた。グラントの帰米後における本件への取り組みと、賠償金議案の進展を次に示そう。その年代は、一八七九―八三年（明治十二―十六）である。

①一八七九年九月二十日、グラントはサンフランシスコ帰着。二十九日付同地発の吉田あて書簡に、訪日中のお礼を述べるとともに、「今後米国人並新聞紙等の日本の事を説くや、是迄より必ず増多候」と記す。合衆国の土を踏み、まず国民に日本への関心を深めてもらおうと考えたのだろう。

②八〇年十二月六日、第四十六議会にヘーズ大統領が提出した一般教書に、日本賠償金返還の件が取りあげられる。これはグラントの配慮といわれる。吉田は、その二日後の書簡で岩倉にこの教書のことを知らせる。

③八一年二月二十八日、『ニューヨーク・ヘラルド』に先のインタビューが掲載される。この結びで、グラントは議員に次のように迫る。本件は、すでに数回、その是非を問うた。「議員ハ各々特別ノ議案利益及ヒ所置ヲ有スルヲ以テ償金返還ノ如キ一般ニ関スル議ハ之ヲ後日ニ譲ルモノナラン（中略）国ノ栄誉上ヨリ之ヲ返還スルノ議ヲ決セシメント欲ス」

④同年三月三日、第四十六議会上院で本議案が圧倒的多数で可決（前述）される。下院は会期切れで、グラントのいう「当期議院にて」は実現しなかった。が、議会通過の見通しがつく。

⑤同年十二月六日、第四十七議会にC・A・アーサー大統領が提出した一般教書に、本件が

記述される。その返還は「従来行政官ヨリ当国会ニ建議シテ裁定ヲ促ス所ナリシガ予亦更ニ本案ヲ呈出ス」と。これまでのグラントらの意向を継承したもの。

⑥八二年六月、連邦議会両院協議会で上下両院案を調整することになる。

⑦八三年二月十六日、第四十七議会下院で、翌十七日に上院で調整案をそれぞれ承認する。

こうして、米国は、賠償金の約定から十八年後、その全額を日本へ返した。この返還にシュワードの意志をつぎ、十四年にわたり「苦心助力」(寺島駐米公使の報告)したグラントの跡をみてきた。そのなかで、彼が日本から帰朝後の三年余の行動が、この結実に大きな役割を担ったことを報告した。

6　一転、築港工事へ

民営の築港案

横浜港の第一次築港工事の着手について、「財源難のなかに、突如、賠償金が返還されて……」との旨を書いている図書を見受ける。だが、この返還の件を日本側が〈突如〉知った話でないことは、これまで縷々述べてきたとおりである。

さて、返還金は条件つきではなかったから、その使途は明治政府の手にゆだねられた。ここでは、この金がいかにして横浜港の修築に使われることになったたか、に焦点をあてる。

まず、横浜商人らによる築港活動を述べる。貿易商にとって、港の便・不便は毎日の取引に大きく影響する。彼らを主なメンバーとする横浜商法会議所（現在の横浜商工会議所の前身）は、明治十四年（一八八一）三月二十三日、「横浜港波止場建築ノ建議」を決め、神奈川県や税関とともに築港の早期実現を目指した。この建議で、ハシケでの荷物の積み下ろし、船舶の安全停泊の不能を「二患」と訴える。そして、接岸できる埠頭を官民の協力により修築することを提案した。

ひきつづき、同会議所は港の改良問題に取り組み、埠頭新設に向け熱心に活動した。明治十七年（一八八四）には、会議所会頭より神奈川県知事に、新埠頭の位置・修築費用などの調査のため、技術者の選任を依頼する。

神奈川県でも、この頃から築港に積極的な姿勢がみられる。すなわち、外務省の求めに応じ横浜港輸出入の実績と英リバプール港の賦課方法を参照し、築港後の桟橋税収入見込み等を試算している（明治十九年四月）。また知事（沖守固《おきもりかた》）は、先の会議所会頭の依頼について財界とも協議のうえ、同年九月、築港計画をH・S・パーマー（イギリス陸軍工兵大佐）に委嘱する。

パーマーは、当時、横浜水道の工事監督をしており、この合間にその立案をした。彼は翌二十年（一八八七）一月、築港意見書を提出する。本案は、東堤を日本波止場（現在の万国橋付近）から、北堤を神奈川台場わきから突き出し、港域約二九〇ヘクタールを囲む計画。中を浚って船舶一八〇隻を収容、東堤と停車場を軌道で連絡する。費用一六〇万円。

同案をもとにした横浜港湾埠堤会社設立願いが、貿易商らより六月十五日、沖守固知事に提出された。民間会社による築港プランで、その創立発起人には原六郎・原善三郎・茂木惣兵衛ら一七名が名をつらねる。ただちに知事は税関長と協議、十七日、内務大臣にこの願いを上申した。こうして、横浜築港の民営案の是非が明治政府に投げかけられた。

また、二十一年二月、横浜外国商業会議長T・トーマスは、入港する内外船は月平均一〇〇隻にもなり、横浜港改造に至急着手する必要ありと演説した。

大隈外相、返還金で国費築港を請議

以上のように、明治十四年（一八八一）三月の横浜商法会議所の建議を機に、横浜側では民活方式により築港の早期実現を目指した。そして、二十年六月、その会社設立願いの提出にこぎつける。

一方、このころ政府内でも新しい動きがみられる。すなわち、同じ十四年三月、吉田公使が外務省に賠償金返還時の対応を照会、同省はその日に発表する政府声明文を作成し吉田に託す。Xデーに向けた準備がはじまったのだ。ビンガム駐日公使が同省に為替証券を持参するのは、この吉田の照会から二年後である。

新展開が進むなか、明治二十一年（一八八八）二月一日、大隈重信が伊藤内閣の外相に就く。大隈が横浜築港に熱心（明治七年「大波戸場新築」の伺い提出）だったことは前述した。

大隈外相が登場した頃、省内では返還された賠償金の処理について一つの案がまとまる段階だった。返還金の使途についての外務省原案という文書（浅田徳則《とくのり》通商局長起草）がある。埠頭築造の財源にしようとの提案が記述されている。大意、次のとおり。

アメリカの義挙にこたえ、「内外通商ノ便益」増進に該金を使うことが筋道。横浜築港や神戸港の改良の費などに充当するのが適当。しかし、神奈川県より上申された民活方式はその得失を調べる要あり。（『神奈川県史』資料編十八）

貿易振興に役立てるべき、という。省内の意見を集約し、築港に光をあてた浅田徳則は明治四年大蔵省で官途につき、ほどなく外務省へ入る。取調局長・公信局長などを経て、十九年三月三日、初代の通商局長に抜擢された。のち、二十二年には同省から神奈川県知事（―二十四年）に転じる（三十一年にも再度就任）。横浜に縁のある人物だ。

さて、浅田は通商行政をまかされると、まず遅れている貿易港の改良を目指した。神奈川県に依頼し、築港後の収入調査（前述）などを実施したのもその一環。また修築の検討には、当初から返還金の活用を考えていたと思う。実は、彼は若き日（明治七年九月）、アメリカへ一等書記生として赴任している。日本賠償金にゆれるこの国を見て、返還の世論に耳を傾け衝撃を受けたことだろう。帰国後、その行方に強い関心を持っていたはず。

浅田徳則　『神奈川県会史』第１巻から

浅田がまとめた使途の原案に、大隈が飛びついたのはいうまでもない。外相就任からわずか二か月余後（二十一年四月二十三日）、「横浜港改築ノ件請議」を伊藤博文首相に提出した。その要旨を記す。

横浜港は三十年前の旧態にあり、改造が急務である。パーマー案によると、費用に一六〇万円を要す。米国政府からの返還金は、その後の利子を加え約一三五万円が見込める。この金の使途は「好誼ト公正ノ道理トニ基キ何等約束」がない。これを広く貿易増進に使用することは、日本が「徳義上米国ノ政府人民ノ好誼ニ対スル適当ノ処置」である。不足額は国費で充当することとし、横浜築港のすみやかな決定を請う。（同）

これに対し、五月八日付で「請議ノ通改築起工スヘキ見込ヲ以テ外国交渉ノ儀其省ニ於テ取調更ニ閣議ニ提出セラルヘシ」の指令がある。この結果、外務省のほかに、内務省（築港計画）、大蔵省（埠頭噸税）も国費築港に向け、調査に入った。

内務省では、拮抗する二つの計画が浮き彫りになる。すなわち、内務省名誉工師になったパーマーが官営築港用に再検討した案と、同省工師のオランダ人J・デレーケの案である。内務省は、両案を技術的に審査しデレーケ案を採用、内相より黒田清隆首相に請議（十一月二十日）した（『水と港の恩人H・S・パーマー』）。

これにパーマーよりきびしい反論書が大隈らに届けられる。外相はパーマー案を採択、首相に迫る（翌二十二年一月十七日請議）。結局、二月二十七日の閣議で大隈の推すパーマー案に決定する。ここに至る両案（イギリス対オランダ）をめぐるはげしい争いはよく知られている。ここでは、パーマー案採択の決め手が、（技術上ではなく）外交政策上にあったことにふれよう。

実は、パーマーには土木技師のほかにもう一つの顔があった。『ザ・タイムズ』の通信員である。彼がイギリス本国に送った東京通信は日本にとって温情のある内容だった。それが不平等条約の改正交渉を進めるなかで外相にはきわめて喜ばしい。大隈は黒田首相に、パーマー案が「他ノ設計ト大差ナキ以上」同案の方が「外交政略上」得策（一月十七日請議）と訴えた。

だが、パーマー案の閣議決定の直後（四月十九日）、タイムズ紙に掲載された彼の「日本における条約劇」をきっかけに、大隈改正案に反対の渦がまき起こる。同紙により、秘密扱いの大隈案の内容が知られてしまったのだ。この混乱のさなか、大隈は襲われて右脚を失い（十月十八日）、外相を辞任する（樋口次郎『祖父パーマー』）。

三年遅れで完成

かくて、横浜築港の第一次工事は、パーマーの設計・工事監督により実施されることになった。その基本施設は防波堤、鉄桟橋および馴導《じゅんどう》堤である。防波堤は東水堤と北水堤からなり、両堤により約五〇〇ヘクタールの水面を囲む。鉄桟橋は、海岸から約七三〇メートル（うち船舶係留部約四五〇メートル）突き出し、鉄道と連絡する。馴導堤は帷子《かたびら》川の泥流を港外へ導く

「**横浜明細新図**」（部分）　明治38年　①大桟橋、②東水堤、③北水堤、④馴導堤。横浜開港資料館蔵

堤。

明治二十二年（一八八九）九月、四か年事業（予算約二〇〇〇万円）をもって着工した。神奈川県横浜築港掛が担当（のち内務省臨時横浜築港局所管）。まず、防波堤の施工から開始する。

しかし、最初の築港工事だけに未熟な技術も露呈、全体として進行は順調ではなかった。このため予定の工程より三年ほど遅れ、二十九年（一八九六）五月、全工事を終える。事業費も二三四万円に膨らむ。パーマーはこの完成をみることなく二十六年二月、病没した。五十四歳だった。後任には内務技師石黒五十二《いそじ》（工学博士）が就く。

防波堤築造では、海中に投下したコンクリートブロックに亀裂《きれつ》が生じていることが発覚（二十五年）する。その原因と責任をめぐって工事は中断、紛糾した。結局、妻木頼黄《つまきよりなか》（内務技師）ら五名の調査報告を受け、以後、ブロック製造の資材、工法などを見直し、完成（二十九年）にこぎつける。

また、鉄桟橋の工事では、グラスゴーの鉄工場に発注した鉄材が工員のストライキなどの影響で延着、工期にひびいた（二十七年竣工）。馴導堤は、高島嘉右衛門・増田万吉が工事を請け負い、ひと足早くできた（二十五年）。この増田は日本の潜水業草分けとして知られ、横浜港などで活躍した。「万吉一世一代の大事業」として、内外潜水業請負会社（資本金十万円）を起こし、築港に参画したという（増田清回顧談『横浜今昔』）。当時、潜水器は貴重品で、横浜築港局では防波堤工事に増田から潜水器八具を借用している。

こうして横浜港は、明治二十九年（一八九六）、船舶が安全に横づけ（鉄桟橋に六隻）できるようになった。いま私たちが目にするような埠頭が、このとき誕生したのだ。下関賠償金が返されて十三年後である。この築港の完成はもとより、工事着手も、その資金に返還金が使われたことも、グラントは知らなかった。賠償金問題が決着して二年後（八五年七月二十三日）、喉頭ガンに冒され帰らぬ人になる。享年六十四歳だった。

明治天皇はグラント危篤の報を受け、九鬼《くき》隆一駐米公使を四度にわたり見舞わせた。また、グラント記念碑建立の話が伝えられると、五〇〇ドルを寄金した（八六年二月）。

彼の晩年は恵まれなかった。ある投資に失敗、きびしい生活を送る。せめてもの慰めは、病魔におそわれながら執筆した回想録が、ベストセラーになったことだった。彼の霊はニューヨークのリバーサイドにあるグラント将軍記念館に眠る。

7　外交余話

アメリカ公使館の用地

二〇〇五年、私はある新聞記事に目を見張った。大きな活字で「米大使館　地代　二〇〇〇万円を滞納」（『産経新聞』十月十七日付）とある。大使館の敷地（国有地）の貸借をめぐる交渉が難航、解決のめどがたっていないという。

実は、この土地の賃貸借は下関賠償金の返還に由来するのだ。その契約が両政府間で揉めているのを知り、私は驚いた。本貸借は日本が報謝の念から申し出たものだから。以下に、今回、大桟橋の資料集めでわかった、この用地のいきさつなどを述べる。

まず記事（要旨）をみよう。米政府は一九九八年から賃貸料の支払いを拒否している。この土地は、明治二十三年（一八九〇）に米国の依頼で、政府が民間から買収した。

本件について、外務省は「詳しい内容を明かせない」、大使館も「コメントすることは適切ではない」との態度である。米政府は「無期限に土地を使用できる」との見解ではないか、とみる人もいる。

さて、米国大使館（明治三十九年以前は公使館）の場所だが、超高層・霞が関ビル前の坂を上がった所（港区赤坂一）にある。

米公使館がこの赤坂に移ったのは明治二十三年である。以前は築地居留地内（現在の中央区明石町、旧聖路加病院地内）にあった。ここは借家で建物（木造二階建て）も狭く、移転話が起きる。このとき、賠償金返還の恩義に報いるため、日本政府が現在の赤坂の土地を購入、米政府に無地代で貸したのだ。その提案を記そう。

賠償金を受領した二年後、井上外務卿より三条太政大臣に「米国償還ノ下ノ関償金中ヨリ米国公使館敷地購求ニ関スル上申」（明治十八年四月十六日）が提出される。あらまし次のようである。

この返還は「米政府之正義及友情」のみならず、「米人一般之賛襄《さんじょう》（助力）」によるもの。米公使は「地所ヲ得テ公館ヲ新築」しようと見込んでいる。ついては、返還金のなかから私有地を買収、地代もその「利子ヲ以テ之ヲ支弁」する。さすれば「米政府ニテハ其寄贈ヲ受タルト同然ニ有之永世我報謝之厚キヲ記憶」するであろう。（傍点筆者）

本件は四月二十四日、「伺ノ趣聞届候事」の決裁をえる。

『東京日日新聞』（明治二十三年四月三日付）によると、アメリカ公使館の用地（赤坂榎坂町）、外務省が大倉組から七万余円で買収、とある。公使館敷地の経緯は以上のとおり。それにしても、日本側が「我報謝之厚キヲ」歴史に刻もうとしたことが、両国間の争いの種になっているのは残念である。返還金で大桟橋などが誕生した横浜側にとっても後味が悪い。両政府には、一世紀前の日米国民に心配りした対応を期待したい。

アメリカ公使館　大使館へ昇格した頃（明治39年）。手前は霊南坂通り。コンドル設計、明治23年築　田山録彌『東京写真帖』から　港区立みなと図書館蔵

地所の話が長くなった。新築された建物にもふれる。設計は有名なJ・コンドル（英国人）である（堀勇良『外国人建築家の系譜』）。一見、邸宅風の造りだった。明治二十三年五月頃、竣工（関東大震災で全壊、焼失）。コンドルの作品としては早い時期に属する。ニコライ堂（千代田区神田駿河台、二十四年築、重文）と同じ頃の建築である。

なお、現在、築地時代のアメリカ公使館跡には、星条旗などを彫った当時の精巧な石標五基（中央区・区民有形文化財登録）が保存されている。星条旗は独立一三州を現わす一三星（いまは五〇星）のもの（『中央区の文化財』一）。

「償金返済周旋者」への報酬

最近の報道（産経新聞）に、日本弁護士連合会がロビイスト育成の検討をはじめたとあった（二〇〇五年十一月四日付）。ロビイスト（Lobbyist）とは、国会議員に陳情したりすることを専業にする人。アメリカでは、早くから多くのロビイストが立法の促進などに活躍している。

さて先に、連邦議会で、返還金の大半は中間にいる者の手に入ると指摘され、また米国人のMがロビイストに名指しされたことを述べた（本章3）。この前段は、明治二年の米商船ペイホー号取り押さえ事件（下関賠償金が返還された場合、日本政府が賠償金を追加払いするなどで十三年に決着）等を念頭においた発言だった。後段のMはJ・モリソンといい、本見出しの「……周旋者」とは彼である。以下に、彼が日本に要求してきた報酬の件を述べる。

日本政府が返還金を受領した半年後の明治十六年（一八八三）十月、寺島公使から一通の書簡が外務卿に届けられる。モリソンらからの成功報酬の請求を知らせてきたもの。日本側では思ってもみない出来事（アメリカでは当たり前のこと）だったろう。のち、政府はこの対応に長年苦しめられることになる。

まず、寺島書簡から事件のあらましをみよう。

ランマン（公使館員）・モリソン両名は、議会審議の促進をはかって議員の説得にあたった。この折、数名が賠償金より補償を求めて訴願していた。下関砲撃のターキャン号船長らが要求するもの。モリソンは、返還が実現し日本から報酬を受けられれば、その一部で補償すると彼らに約束した。それで諸訴願は取り下げられた。いま、彼らは本履行をモリソンらに迫っている。その額は計十四万余ドル。

そして寺島はいう。「モリソン等ノ勤労ヲ公認スル時ハ両氏ヲ使役シテ外国ノ政務ニ干渉スルノ謗《そしり》ヲ免レス」と、「機密ノ方法」をいくつか提案する。たとえば、「物品ヲ以テ其家族ニ送ル」

「俸給トシテ年々之ヲ支給」といったものである。

この書簡を受け、井上外務卿は翌十一月二日、「下ノ関償金ノ内ヲ米国人ニ報酬トシテ贈与スル儀ニ付上申」を提出、五日に閣議の開催を求めた。上申書には、モリソンらの行動を「米国人民ノ資格」で起こしたものとするものの、「事実ハ全ク傍観ニ付シ難キ事情ナキニ非ラス」と。それで、モリソンらに多少の報酬を与へ、その「内ヲ以テ支弁セシメ」とする。

本閣議の正式な記録は残されてないが、『日本外交文書』に「支弁ニ及バザリシモノノ如ク」と注記されている。以後、本件の措置は外務省法律顧問H・W・デニソン（米国人）に一任（翌十七年三月二十四日）された。彼は渡米して中立人の調査にあたる。その結果、モリソンに「相応の報酬を与へ、その他は不問にすべし」との意見を日本政府に提示（十八年五月）した。

だがその頃、モリソンが自分は日本政府の代理人だったと公言、報酬獲得に駆けまわる。米国務省へも訴えにおよぶ。このような彼の言動は、とても日本側に容認できるものではない。本件は未解決のまま据えおかれた。

のち、明治二十一年、陸奥宗光が特命全権公使としてワシントンに赴任するとき、日本政府は「五万円ヲ限リ右モリソン氏ニ徳義上報酬ヲ与フルコト」を訓令（機密）している。また、明治二十六、七年頃、モリソン未亡人（モリソンの死亡日は不明）から「幾分ノ贈与ヲ」の申し出がされる。だが、いずれも処理されることなく、モリソン側は長く泣き寝入り状態だった。

ようやく、解決に向かったのは高平小五郎特命全権公使（明治三十三―三十八年在米）の時代である。着任した翌年十一月、元国務長官J・W・フォスターらの斡旋により、次のようなモリソン遺児後見人の希望が伝えられた。「慈恵的ノ意味ヲ以テ」多少の給与をいただきたい、と。高平は小村外相あて書簡（三十五年一月十七日）で、この金額について、一万五〇〇〇ドルで十分、一万ドルほどでも満足か、と述べる。

これを受けて、小村は閣内の意見調整に入る。しかし、当時、彼は対露政策など重要課題を抱えていたせいか、その方針決定に年月を要した。明治三十八年（一九〇五）一月二十二日、その額五〇〇〇ドルを内示する。

高平書簡（同年四月五日付、小村あて）の「馬関償金返済周旋者報酬一件落着之件」に、フォスターに五〇〇〇ドルの支出をもって「全ク本件ヲ終了スルコト」を確認のうえ、該金を交付した旨がつづられている。実に賠償金返還から二十二年後のことだった。

以後、下関賠償金についての記述は『日本外交文書』にみられない。

第四章

「メリケン波止場」

なぜそう呼ばれたか

横浜桟橋　明治末期　桟橋先端から陸の方を見る。右手奥の建物は横浜税関（明治18年完成）。

1　愛称はこうしてつけられた

幕府が最初につくった波止場のうち、海に向かって右側の突堤（のち延長されて「象の鼻」）は、通称イギリス波止場といわれた。また、その後、居留地の海岸に築造されたもう一つの波止場（東波止場）はフランス波止場の名で呼ばれた。それぞれ波止場近くの場所や建物に由来する。一方、大桟橋には「メリケン波止場」の愛称があった。戦前はもちろん、戦後もしばらく（一九七〇年頃まで）その名で通じた。だが、それがつけられた事情のわかる資料は、現在のところ見つかってない。

イギリス波止場

この名は、波止場入口にあった横浜英国領事館に由来する。英陸軍将校W・クロスマン設計の領事館（明治二年竣工）が港の名物だった。建物は石造風（木骨石貼り？）二階建てで、おもしろいことにその三隅（四隅でない）に、菅笠をかぶったような大きな塔屋がある。

来日の外国人は上陸前からこの塔屋を目にすることになる。この不思議な形から、「東洋一のみにくい建物」（『神奈川の写真誌』明治前期）との評をもらう。横浜浮世絵のタイトルにも「無類絶妙英国之役館」とある。関東大震災で焼失するまで、約五十年にわたり鎮座した。その跡

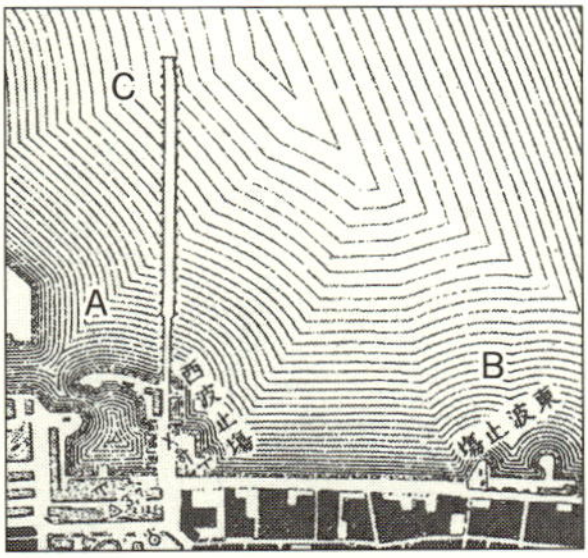

波止場の愛称
Aイギリス波止場
Bフランス波止場
Cメリケン波止場
陸地測量部発行　一万分一地形図「横浜」（部分）明治41年発行

「於横浜無類絶妙英国之役館」国政画　明治３年　神奈川県立歴史博物館蔵

フランス海軍病院　手前左端は波止場の突堤。ライデン大学蔵

に建てられたJ・C・ワイネス設計の横浜英国総領事館（昭和六年竣工）が、いま横浜開港資料館旧館として使われている。

フランス波止場

この波止場近くにフランスが獲得した用地（幕府からの借地）が多く、その名がある。入口には同国の海軍病院があった。『横浜沿革誌』によると、「仏国海軍物置所前」だったのが名の由来、と。

この海軍病院は、居留地のなかほど九番（現在のホテル・ニューグランド）にあった。敷地の前面、海岸通りに面し外観石造の倉庫が二棟ある。先の「海軍物置所」というのはこれであろう。

その奥の一段上に病院本館がそびえる。元治元年（一八六四）頃完成。この建築も、先のイギリス領事館に劣らず風変わりだ。二つの倉庫の間にある鳥居が入口で、階段を上がった所に入母屋《いりもや》造り本瓦葺きの大屋根の建物がある。これが本館。一見、仏教建築を思わせる。石倉と鳥居とお寺のような建築の取り合わせが、なんとも奇抜。この建物は、慶応の大火では焼失を免れたが、明治七年（一八七四）二月八日、ストーブ失火により全焼、十年で姿を消した。

2　では「メリケン波止場」は

「別れのブルース」

「メリケン波止場」というと淡谷のり子さんが歌った、

窓を開ければ　港が見える
メリケン波止場の　灯が見える

の「別れのブルース」（作詞・藤浦洸、作曲・服部良一、昭和十二年）を思い出す人は多いだろう。かつての港ヨコハマの異国情緒を髣髴《ほうふつ》させてくれる。

淡谷さんは、この曲が大ヒットした翌年に「雨のブルース」も吹き込み、はやくも「ブルースの女王」といわれるようになる。といってもいまから七十年前のこと。地方公演では、「ズロース女王」なんて看板も目にしたと「最後の自伝」に書いている。

「メリケン波止場」という埠頭は神戸港にもある。明治初めからその名があった。では、この歌の舞台はどちらか、となるところだが横浜にまちがいない。淡谷さんによると、歌のもともとのタイトルは「本牧ブルース」だったが、神戸にも通ずるように「別れのブルース」に変えたのだという。このねらいがあたったらしい。歌は関西から流行した。

このように、本牧から横浜港を見た歌なのははっきりしている。だが、大桟橋がなぜ「メリケン波止場」なのか、がわからない。神戸の「メリケン波止場」は、「米国領事館前波止場」だからと名の起こりは明解（『神戸開港百年史』）。横浜のイギリス波止場などの名づけと同じだ。

前述したように、大桟橋の根元にある「象の鼻」がイギリス波止場と呼ばれていた。その先につくられた大桟橋だから、たとえばイギリス新波止場というような名なら、疑問はない。それがアメリカになったのだから不思議だ。

その名はいつから

「メリケン波止場」と呼ばれるようになったのはいつ頃から、も明らかでない。「別れのブルース」が世に出た昭和十二年（一九三七）には、すでに広く通用していたことは確かだ。

その名が書かれている図書を、いくつかあげてみよう。

①ハマっ子・加藤直方さんは、「明治から大正初へ」の回想記に「メリケン波止場のリキシャマンは世界的の存在であった」と書く。（『中区わが街』一九八六年）

②大蔵省職員・小板橋興遍さんは、税関の思い出の記に「日清戦争当時西波止場の先にできた現在の大桟橋がいつしかメリケン波止場と呼ばれるようになった」と述べる。（『横浜今昔』一九五七年）

③元内務省横浜土木出張所長・安芸杏一さんは、関東大震災の惨状を、「メリケン波止場も新港埠頭も使い道にならぬほど陥没個所が続出」と述懐する。（同）

④横浜市役所は、震災直後の「活動日録」に、九月十九日「横浜メリケン桟橋修理完成」と記述。（『横浜復興誌』第一編、一九三二年）

以上のように、明治末頃から「メリケン波止場」の名が一般的に使われたらしい。作家・獅子文六も、明治四十二年（十六歳のとき）まで横浜で過ごし「メリケン埠止場《はとば》」で遊んだ、と随筆「横浜の海」（執筆一九四三年）に書いている。

「対米貿易の港」

昭和十三年（一九三八）に発行された『日本地名大事典』（6）は、横浜港における昭和十二年（ちなみに「別れのブルース」ができた年）の、アメリカとの貿易状況を次のように記述する。

本港の対米貿易が本邦対米貿易中に占むる割合は輸出五五%、輸入三三%にて、何れも本邦各港の首位を占む。かくて本港は対米貿易の港と称するも敢て過言にあらず。

この「対米貿易の港」といういい方は、「メリケン波止場」の名と共通性がある。私はこれにヒントをえて、貿易の主な相手国の変遷を調べてみた。

横浜港の輸出品一位が現在、自動車であることはよく知られている。これに対し、開港から日米英開戦まで八十年にわたりその座をキープしたのが生糸である。大正末には横浜全輸出額の八一%を占めた。世界一のシルク輸出港といわれる。

この生糸の主要な送り先は、当初、フランス・イギリスだったが、その後、急速にアメリカへ変わった。すなわち、明治十年の全国生糸輸出額中、フランス・イギリス向けが八七％を占めるのに対し、アメリカ向けはわずか七％、この割合が、明治十八年にはフランス・イギリス四三％、アメリカ五五％に逆転する。以後もアメリカは増しつづけ、明治末七〇％、大正末にはなんと九七％になる。

横浜港は日本生糸の輸出を独占していた。明治後半期、全国輸出額の実に九八％以上が横浜から送られた。大正末でも八三％が本港からで、これらのほとんどがアメリカ向けという。明治半ばからこの港はアメリカ一辺倒の観があった。これから、桟橋は「メリケン波止場」と呼ばれるようになったのにちがいない。

はじめに考えたこと

この愛称について、当初、私が思いめぐらしたことがあった。そう呼んだのは、明治のハマっ子の心入れからではないか、ということ。本章のしめくくりに、その考えを述べさせてほしい。

鉄桟橋（大桟橋）にアメリカ名を残したい、という積極的な理由はないかと考えてみた。すると、あの下関事件の賠償金が浮かぶ。明治政府の懸案だった横浜築港は、この金がアメリカから返され着手されている。それで誕生した桟橋の愛称に、イギリスよりアメリカがふさわしいのは当たり前だ。

この賠償金返還の事実は一般の人びとにどう伝えられていたのか。『東京日々新聞』（明治十六年四月二十五日付）をみよう。

誠に米国の高誼は感謝の至りにぞある。この金額はいかなる費途に使用せらるべきかは、未だ知らざれども、我が国益たるは云うに及ばず、併せて特に米国人民のためにも利益ある事に供せらるるなるべし。

アメリカの友情を賞讃、同国民に配慮を求めている。

日本政府は、賠償金を日米貿易の拠点づくりにあて、また公使館用地を貸与し、米国の恩義に報いた。横浜市民も、夢の築港が実現し、同国の人びとに感謝の気持ちで一杯だったろう。横浜商人にとっては生糸貿易の最上のお得意さんでもある。心をこめて、桟橋を「メリケン波止場」と呼ぼう、と声をあげたハマっ子がいたのではないか。そして、これに同調した多くの市民がその名を広めていったのでは。これが私の描いたストーリーだったが、外れた。

第五章

石造ドック

なぜ佐世保で設計図がつくられたか

横浜船渠会社全景　明治39年頃　左端第１号ドック、その右・機械工場を隔てて第２号ドック。

1　みなとみらい21に造船所があった

横浜船渠という会社

いま、私たちは中高年になると、身体をくわしく検査し異状を見つけるため、人間ドックを受けて将来にそなえる。船舶も航海してくると、船体をよく調べ傷んだ所を補修したり付着した海草類を落したりする。このため、時どきドック（船渠《せんきょ》）入りして次の航海にそなえる。だから、大きな港にはこれらの作業をする造船所が欠かせない。だが横浜港には、長年、埠頭がなかったように、船舶のドック修理施設もなかった。軽微な補修は横浜の鉄工所でもできたが、大きな修理は横須賀製鉄所（造船所）や遠く長崎などへ頼んでいた。

横浜にも幕府の横浜製鉄所（製造所）という工場があった。慶応元年（一八六五）、横須賀製鉄所の関連施設として横浜本村（現在の中区吉浜町、ＪＲ石川町駅ホーム港側）に建設される。だが、本格的に稼働することなく、明治政府に引き継がれた。その後も会社や個人に転々と貸与され、十分に機能しなかった。

すなわち、維新後まもなく郵便汽船三菱会社などに貸し出されていたが、明治十二年（一八七九）、東京石川島で造船所（のちの石川島重工業）を経営する平野富二に貸与される。平野は、ここを横浜分工場として帆船建造などを行なった。ところが五年後、この分工場は、石川

横浜船渠第１号ドック　1985年頃撮影

島の工場に合併され東京へ移転してしまう。

以上のほか、岩崎弥太郎らによりつくられた三菱製鉄所（のち日本郵船会社横浜鉄工所）が、船舶補修をはじめる（明治八年）。が、ここも小規模で大修理は手に負えなかった。

このような実情から、明治二十一年五月、原六郎ら財界・貿易商有志が内田町海岸（現在のみなとみらい21）に造船所設立を目指した。かくて明治二十四年（一八九一）六月に誕生したのが有限責任横浜船渠会社（明治二十六年、株式会社）である。一般には横浜ドックの名で知られる。みなとみらい21にある石造ドックを建設したのはこの会社だ。その後、昭和十年（一九三五）に三菱重工業と合併、同横浜船渠（昭和十八年、横浜造船所と改名）として再スタートした。一九八三年、工場を本牧・金沢へ移転、所名も横浜製作所に改める。一九八九年、その跡地一帯で横浜博覧会が開かれたのは私たちの記憶に新しいところだろう。

現在、みなとみらい21の「ドックヤードガーデン」になっているのは、旧横浜船渠第二号ドック（明治二十九年竣工・三十年開渠。長さ一〇六メートル）である。解体後、長さをやや縮小、位置も若干ずらして復元されたもの。また、「日本丸メモリアルパーク」内にあるのは同第一号ドック（三十一年竣工・三十二年開渠。長さ一四六メートル、大正七年延長後一七九メートル）だ。

両ドックはともに国の重要文化財に指定（二号一九九七年、一号二〇〇〇年）されている。二号は我が国の本格的な営業ドックの最古のものとして知られる。ドックにはいくつかの種類があるが、日本では乾ドック（海水を排出してドック内を空にする）が多い。両ドックもこれ。その構造は、海岸などに堀割をつくり海と接続させ、内部を石材等で固め、入口に扉（扉船《とびらせん》）を設けるもの。仕組みを手短にいうと次のとおり。

①ドックに船を入れる。

②扉を閉じ、ポンプで排水する。船は渠底におかれた台（盤木《ばんぎ》）に乗る。

③作業後、扉を開け、海水を満たし船をだす。

この造船所は、当初、修理専門だったが、大正六年（一九一七）から新造船事業に乗り出す。以後の六十四年間に、小さな船舶も含めると六九〇隻をつくっている。平均すると一年に一〇隻以上。その最盛期は昭和初めで日本郵船の豪華船三隻を建造する。すなわち、秩父丸（一万七四九八総トン、のち鎌倉丸と改名）、氷川丸（一万一六二二総トン）および日枝丸（同）で、すべて昭和五年（一九三〇）の竣工だ。

日給四二銭の職工

横浜船渠創業時の生き字引といわれた石川沢吉氏（明治二十九年入社）は、会社の思い出のなかで次のように述べる。

> 五百人ほどの工員が日給四十銭くらいで働いていたが、腹がけ姿が多かった。主任クラス以上は全部英人だった（中略）。当時お巡さんは六円の月給、高等商船卒業程度の学歴で初任給が三十円といったころ、英人技師は五百円、（後略）。（『横浜今昔』）

日給四〇銭というと、一か月では二十五日働いて一〇円。外国人技師の給与がその五〇倍である。当時の官吏（高文試験合格者）の初月給五〇円と比べても一〇倍だ。この英国人は明治三十四年に招かれたE・R・トムソンという技師長らしい。主任以上はオール外国人とあるように彼らの技術に頼る時代だった。これについて「近代的な造船技術を知らぬ日本人としてはいたし方なかった」と石川氏は書いている。

さて、ある文化勲章受章者が、少年時代、この横浜ドックで職工をしていた。といえばご存知のとおりハマっ子作家・吉川英治だ。まだ、英《ひで》ちゃんといわれていた明治四十二、三年頃のこと。彼のドック勤務時のことは「自筆年譜」や自叙伝『忘れ残りの記』にくわしい。英治十一歳のとき吉川家没落、小学校を退学させられる。以後、彼は住み込み小僧、活版工、土工の手伝いなど職を転々とする。

そして「明治四十二年（十七歳）」の年譜に次のようにある。

窮乏のどん底つづく。一家食せざる日あり。三月、横浜ドック会社の船具工に年齢を偽って入社、日給四十二銭を受く。

英治は年を二十歳といって採用される。この入社は同社重役N氏のつてだった。Nさんから、規則で二十歳以上、と注意されていた。また、日給は自叙伝には四五銭とある。先の石川回想記に工員は四〇銭ぐらいとあるから、重役氏の口利きで、新人ながらプラスアルファがあったのかも知れない。

吉川少年の作業場は主に二つのドック内で、朝「今日は、何号ドックの入渠船のペンキ塗り」などの指令を受けて仕事につく。彼に割り当てられる仕事は、船底にくっついた牡蠣・海草や錆を落とすといった雑役がほとんど。重労働だが「体さえ強健ならば素人でも」つとまる。

だが、「日に二件も三件も医務員の白服と担架の列を見る日がある」というような危険をともなう仕事だった。翌四十三年の年譜に「十一月、第一ドックの入渠中船腹の足場にて、作業中足場板もろともドックの底に陥つ。人事不省となり」とある。そして気がついたのは、野毛山の十全医院（現在の横浜市立大学医学部附属病院の前身）のベッドという。

これから一か月余の入院生活が彼にとって楽しい日々になる。「あの鉄の門へ急がなくてもいい」「軽業師のような労役に就かないでもいい」「本も読める」というわけである。十二月に退院。この事故がきっかけになって、東京へ出て苦学という念願がかなえられる。その年の暮、母に送られて横浜停車場（現在のJR桜木町駅の所）をたつとき、涙あふれる目で別れを惜しんだという。

英ちゃんが作業していた足場から、ドックの底までは十二メートルほどあったらしい。マンション五階のフロアから石畳の道に落下したようなもの。よく一命を取り留めたと思う。いま、そのドックに日本丸が浮かび、母と涙で別れた駅は、みなとみらい21の玄関口として若い人たちでにぎわう。

このようなドックへの転落はその後も跡を絶たなかったようだ。しかし、対策はあまり進まなかった。ところが、終戦直後に起きたある事故が、会社側を慌てふためかせた。元社員・古武弥輔さんが、米軍ＵＳＭＣ（米国船舶管理局）監督官ペラルタ大佐の事故を次のように回想している。

一号ドックで修理中の船の足場から、同大佐が落ちて、怪我をし、入院された。李家《りのいえ》所長と私が青くなって、米病院に見舞い、その後事務所にノーリス大佐〔ＵＳＭＣチーフ〕を訪ね、セーフティーコンミッティーの設立を要請された。これが安全委員会の始めである。当時の足場板の配置などお粗末なものであった。（『横船の思い出』）

ペラルタ大佐の転落も、英ちゃんと同じ一号ドックでのこと。しかも、足場板は「お粗末」というから、三十数年前と似たようなものだったのだろう。とにかく、進駐軍高官の事故でようやく対策がとられたのだ。

特殊潜航艇

当時、日本最大の客船（秩父丸）やシアトル航路の姉妹船（氷川丸・日枝丸）が、この造船所で建造されたことは多くの図書で紹介されている。が、戦時中、特殊潜航艇（特潜）がここで製造されていたのはあまり知られてない。といっても、特潜というものがどんな船舶かは、いまではわからない人も多いだろう。まず、その話から入ろう。

特潜は、日本海軍が太平洋戦争で使った超ミニ潜水艦だ。敵艦に最接近して魚雷を発射する兵器で、母艦に搭載されて出動、戦場で発進される。攻撃後、乗員は母艦に救出される。しかし、これは表向きの話。その事例はなく、乗員は艇と運命を共にする。

戦中派なら、特潜というと開戦時（昭和十六年十二月八日）の真珠湾を思いだすだろう。特潜五隻十人が同湾に浸入し、九人戦死（捕虜一人は未発表）した。翌十七年三月六日、九人の偉勲が公表され軍神とたたえられる（七日付各紙）。

いま私の書棚に、かなり色あせた二冊の本がある。清閑寺健の『江田島』と岩田豊雄の『海軍』。ともに昭和十八年に出版されている。この頃、私は『江田島』を愛読する国策少年で、いまも「月光だけは娑婆《しゃば》と同じ青さだった」という書きだしをそらんじている。当然ながら同書に特潜のこともふれられている。こうして、当時の多くの男の子と同様、江田島（広島県江田島市。海軍兵学校があった）にあこがれるようになる。

もう一つの『海軍』は、戦後、たまたま古書店で見つけたもの。だから私は時期はずれの読者だ。九軍神のひとりがモデルの本書は、かつて海兵に熱中していた頃の自分を思いださせてくれた。この作品は新聞小説（朝日新聞、昭和十七年七－十二月）になったもので、連載中から好評だったという。

この特潜攻撃は国民に大きな感動をもたらす。作家・獅子文六は「死ぬことがわかりきってるのに、小さな潜航艇に乗って」（『娘と私』）真珠湾へ向かった士官たちに強い衝撃を受ける。その感動を放置できなく、と「小説〈海軍〉を書いた動機」に記す。その偉勲が報じられた四か月後（七月一日）には、早くも新聞連載をはじめている。それまでの小説と区別、本名（岩田豊雄）で発表。彼は戦後も「特殊潜航艇」（一九六八年三月『小説新潮』）を執筆する。

特潜に感動した人は国内にとどまらなかった。真珠湾から五か月余後（昭和十七年五月三十一日）、特潜三隻がオーストラリア・シドニー港を奇襲した。同国は四人の遺体を収容。六月九日、荘厳な海軍葬により茶毘《だび》に付す。この異例な敵国戦死者への対応に批判の声があがる。これに、当地の海軍司令官グールト少将が次のように答えたという。

特潜は「鉄の棺」だ。これで潜入してくるには絶大な勇気がいる。「勇敢な人達をお祀《まつ》りしたのがどこが悪いか。勇気は特定の国の所有ではない」。（夕刊『朝日新聞』昭和十七年十月十日付、九日発行）

四人の遺骨は、オーストラリア駐在河相達夫公使らに守られて、交換船（交戦国が在留国民を互いに交換しあう船）鎌倉丸で、十月九日、横浜港につく。新港埠頭四号岸壁（現在の赤レ

海竜　『日本海軍潜水艦史』から　横浜市中央図書館蔵

ンガパーク内）で日本海軍の弔旗に迎えられ、横須賀鎮守府に安置された。

さて、前置きが長くなった。横浜造船所で建造された特潜の話に移ろう。真珠湾などの特潜は「甲標的」（排水量四六トン、二人乗り）という秘匿名で呼ばれたもの。これに対し、昭和二十年に入って軍が大増産を指令した特潜に「海竜」（一九・三トン、二人乗り）と「蛟竜」（五九・三トン、五人乗り）がある。本造船所に割り当てられたのは両艇で、うち実際に建造されたのは海竜である。蛟竜は準備段階で終戦を迎えた。以下、海竜（当初、「SS金物」といわれる）を中心に述べる。

現在、江田島へ行くと海竜を見ることができる。ここは海上自衛隊第一術科学校になっていて、この教育参考館に保存されている。船体の外側（鋼板）が切り取られ、艇内が見られるようになっている。これは終戦直前、神奈川県横須賀で海竜隊員の速成用教材として、突撃隊教官が工夫してつくったものだ。最近は、呉の大和ミュージアムでも海竜が見られる。

横須賀海軍工廠が主力で、この海竜建造を進めた。同工廠の管理下にあった横浜造船所は、昭和二十年二月からその製造にかかり、六、七月頃に二隻を竣工する。終戦後、構内に同艇のドンガラ（胴体）が数十本、残されていたというから、この増産に全力で励んでいたことがわかる。

海竜は有翼艇で、急速潜航にすぐれる。外形は、全長一七・二メートル、直径一・三メートルという細長い円筒形だ。甲標的（甲型・全長二三・九メートル、直径一・八五メートル）よりひとまわり小さい。このため、魚雷二本を艇外にかかえる。が、その魚雷も供給不足に陥ると、火薬六〇〇キロを艇首につめた。まさに「鉄の棺」そのもの。

この海竜が戦争末期に採用されたのは、すぐれた量産性からだった。すなわち、自動車用発動機や自転車用の既製部品などを効率よく組み立ててつくる。だが、物資欠乏の時代、横浜造船所では「官給品のエンジン其他電池等粗悪品ばかり」（先の古武氏）という状況のなかで建造が行なわれた。こうして完成された海竜の重心試験に、造船所の土肥成紀さんが立ち合う。次のように述懐する（『航跡　横浜船設の思い出』）。

試験は確か十キログラム程の重量を両舷の水中翼上移動により、それも急激に移動すると横揺れが激しいので、ゆっくりと恐る恐る動かしたものである。

また、一〇メートル潜水のテストには乗艇を「皆尻込み」、結局「現場担当のK技師が買って出た」と述べる。海竜は設計上、水深一〇〇メートルまで潜航できることになっているが、使われた部品の質を知っているだけに、乗艇は覚悟のいることだったろう。

終戦のとき、海竜は全国で二二四隻が完成、なお多数が起工中だったという。この建造の時期からわかるように、同艇は本土決戦用だった。決戦の時を昭和二十年末、その場を九十九里浜か相模湾と想定、きびしい特潜の訓練がつづけられていたのだ。この自爆兵器が実戦に使われなかったことに救われる。それでも、訓練で八名の犠牲者をだしたという。

終戦とともに、造船は進駐軍の管理するところとなる。対日賠償問題でポーレー使節団が横浜造船所に訪れたとき、海竜の残材はすべてスクラップされた。これについて先の古武氏がふれている。要約して記す。

ポーレー大佐が工場を巡視されたとき、場内に海竜の丸いドンガラがごろごろしていた。「これは何だ?」と詰問されたら面倒、「急拠ガス切断工を動員して、片っぱしから輪切り」にしてしまった。関西のある造船所では「両端に蓋をして」ウイスキー工場に売却した。

「醸造には持って来い」だったらしいが、「吾々には後の祭り」。

そして、二〇〇六年、神奈川県三浦市の諸磯《もろいそ》湾の海底から、旧日本軍の砲弾類らしい物体が大量に見つかった、と報じられた(産経新聞、四月十八日付)。漁港事務所の磁気探査で判明、引き揚げたという。周辺を「幻の特攻隊基地」と紹介し、特潜を収納した洞窟《どうくつ》は「魚介類の保管庫へと様変わり」とある。

この三崎町の海岸は海竜隊の油壷基地があった所だ。その特攻隊長だった久良知滋さんの「海竜始末記」(『日本海軍潜水艦史』)に、この基地のことが述べられている。その設営から終戦までの八か月余をかいまみよう。

昭和十九年十一月、水深などから基地を油壷に選定、現地を下見する。同地に帝大臨海実験所、油壷ホテルおよび旧機雷学校跡（現在のマリンパーク）あり。同月末、隊本部を実験所内に設置。十二月、実験所の標本類を水族館のある建物に集め、閉鎖する（標本類を保存するため）。

昭和二十年一月、防空壕ほり、実習、訓練をはじめる。二月、「SS金物」に「海竜」の名がつく。三月、同基地に第十一突撃隊が編成される。六月、五九隻集結、洞窟ほぼ完成。同月下旬、夜間突撃訓練（大島・房総間）。八月、敵艦隊発見の報で出撃したが、誤報とわかり帰投する。終戦、保存してきた標本類について米軍あてに英文ビラを掲示。

私は油壷を訪ねたことがあるが、マリンパーク、東京大学臨海実験所および一帯の静かな漁村からは、六十年前の本土決戦の基地を思い浮かべるのは難しかった。

本節の終わりに獅子文六の終戦にふれる。文六は神奈川県湯河原の疎開先で終戦を迎えた。一転、『海軍』が白眼視される。彼は、自分も戦犯か、と遺書をしたためたという。その仮住まいは、湯河原駅より横浜方向へ歩いて十分ほどの所にあった。現在、そこには横浜市職員の保養所が建っている。かつて、私が行った頃は文六時代の家屋が一棟、残っていた。彼は、この家から一時、妻の故郷・四国へ身をよせ、東京へもどる。そこに待っていたのはパージの仮指定だった。

（上）第２号ドック建基式の銘板
（左）川田龍吉と（右）恒川柳作　『三菱重工横浜製作所百年史』から

2　日本人技師をさがせ

鉛に覆われた木箱

東京湾口の浦賀水道に面する観音崎は、房総側（富津岬）との海峡が六キロメートルという狭さだ。ラッシュ航路として名高い。等間隔に一列になっての通航に、文字どおり「水の道」を実感した。客船の通過日時の書かれた表がホテルに置かれてあった。残念ながら豪華船は二日後。それでも、備えつけの双眼鏡で見ると、船員の動作までわかり飽きない。やはり気になる横浜方面を追うと、ベイブリッジとその奥のランドマークタワーが視野に入る。二九六メートルの塔が、名前のとおり横浜の目印になっていた。

この超高層ビルの起工式が行なわれたのは、一九九〇年である。その鍬入《くわ》れから五日後（三月二十四日）、基礎工事中の現場から鉛に覆われた杉の箱が見つかる。なかに、純銀製の銘板（縦一〇センチ、横二〇センチ、厚さ二ミリ）が納められていた。これは、明治二十九年（一八九六）三月二十九日に行なわれた、第二号ドック建基式（石積み工事に入るとき）で埋められたもの。

銘板には「為建基式紀念」として横浜船渠株式会社役員ら九人の名が刻まれている。専務取締役川田龍吉《りょうきち》、取締役原六郎など五名、設計及び監督技師恒川柳作、同助手の牛島辰五郎・池田永吉である。川田は横浜船渠の初代経営者、原（横浜正金銀行頭取）は会社設立を主導した人物。また、恒川（海軍技師）は、佐世保鎮守府監督部（のちの経理部）建築科に勤務するドック築造の専門家だ。牛島らはこの工事のため横浜船渠に採用された人。のち、海軍と掛け持ちの恒川を助ける。この銘板から、同社のドック建設にかける熱意が伝わってくる。

なお、このような銘板は第一号ドックにも埋められている。恒川は造船協会で次のように講演（明治三十二年七月十五日）する。

第一号船渠ハ明治三十一年一月十二日舵抜井ノ箇所ニ創メテ石材ヲ据付ケ渠底中央ノ頭部ニ当リ銀製板ニ当局者ノ姓名ヲ記シテ埋置シ建台式ヲ挙行ス（「船渠の話」）

いま、日本丸が浮かぶ渠底に銀の宝物が埋められているような気がして、心がはずむ。

パーマーの計画案

横浜船渠の石造ドックは、横浜の水道工事や築港で活躍したパーマーの設計による、と思っている人が少なくない。しかし、九十四年ぶりに日の目を見た先の銘板にも、設計・監督恒川とありパーマーの名はない。このドックは、パーマーの基本計画がもとになっているのは事実だが、実行段階になってパーマー案を変更、新たに恒川が実施設計を起こし、築造されたものである。

明治二十一年（一八八八）五月、原六郎らが船渠会社設立を目指したことを先に述べた。これには前段の話がある。パーマーが彼らにドック築造を献策したのだ。原らが出願した港湾埠堤会社（明治二十年六月、前述第三章6）は、埠頭築造だけを目的としたものではなかった。ドックや倉庫の建設も見込んでいた。

そうしたのは、パーマーの築港計画（二十年一月、意見書提出）の結果、原は、桟橋だけでは民営事業として採算がとれないとわかったという。これに対しパーマーが、ドックなども合わせ経営することが必要、それでソロバンに乗るだろう、と策を授けたのだ（『原六郎翁伝』）。

こうして、桟橋とともにドック等もつくる会社の構想がまとまる。が、ほどなく、アメリカから返還された賠償金で横浜築港実施の大隈請議（明治二十一年四月）が採択される。これにより、埠頭は公でドックは民で、という大枠が確定。原らは、予定していた会社をドック主体の船渠会社に改め、その創立願書を神奈川県へ提出（同年五月）した。

そして、建設地の実測、ドック築造計画などをパーマーに委嘱（同年九月）する。翌二十二年三月、その計画がまとまる。これらをもとに願いを県庁に再提出（六月）した。資本金は三〇〇万円、発起人は東京の実業家も加え三三人に上った。その後、パーマーが計画を見直し拡大案を作成。これを採用、二十三年一月、さらに願書を変更する。県は、翌二十四年（一八九一）五月十二日に海面造成を、また六月四日に船渠会社設立を許可した。

以上のパーマーの二案は次のようなものだった。まず当初案（事業費九六万円）を示す。

①内田町海岸を埋め立て乾ドック三個（大・中・小）を築造。

②埋立地内に工場、職工寮などを建設。

③将来の船舶建造用地を確保。

④埋立地の両端より突堤を築造し、この内側水面を修理船の船溜りにする。

一方、拡大案（同一二六万円）は、埋立地の区域拡張、乾ドックも一増の四個に、さらに突堤を延長して船溜り面を拡張するもの（『祖父パーマー』）。

さて、横浜船渠会社はこのような経過をたどり設立された。だが、その船出は順調とはいかなかった。当時は不況の真っ最中、株式募集もままならず、ようやく創立の発起人臨時総会が開かれたのは、県の許可から二年半ものち（二十六年十二月十六日）だった。

この総会で、資本金（旧定款・三〇〇万円）も「目下金融ノ現況ニテハ」と、「百万円ニ減ズベシ五拾万円ニ改ムベシ」と激論の末、五〇万円に決議しなければならなかった。当然、ドック計画も縮小へ。ところが、そのときパーマーはいなかった(同年二月没)。この危機を横浜船渠はどう乗り切ればいいのだろう。

なるべく日本人を

明治二十六年（一八九三）十二月、横浜船渠創立の臨時総会の席で、パーマーに代わる技師選任について次のように議決される。

> 後任技師ハ役員諸氏ノ選択ニ任スルト雖トモ外国人ニテハ報酬モ高額ニシテ且ツ使用材料ノ購入等ニ就キ種々ノ弊害モアルニ依リ可成《なるべく》的日本人ニシテ船渠ノ築造ニ経験アル技師ヲ選定セラレタシ（後略）。（『神奈川県史』資料編十七）

資本金も一挙に六分の一にされたほどだから、人件費もできるだけ抑えなければならない。横浜船渠創業時のイギリス人技師の月給（五〇〇円）が、官吏初任給の一〇倍と前述した。パーマーは、神奈川県の水道工事監督として来日時（明治十八年）すでに月収五〇〇円で、築港工事のとき（二十二年）は破格ともいえる六五〇円をえている。逆境のなかに船出する小会社では、とてもこんな高給は払えない。

また「使用材料」の件は、当時、実施されていた横浜築港（第一次工事、設計・パーマー）をめぐって、とかくの風聞があったことによると思う。たとえば、国産セメントの入札の件がある。セメントは当初、外国製の使用が予定されていた。が、国産の品質も向上してきたのでその入札参加者の募集（明治二十四年三月）が行なわれた。このとき大阪セメントの資格が問題になる。『国民新聞』（八月十四日付）によると、パーマーは同社を資格なしと判定、これに対し同社は不服を訴え奔走する。その後、日本人技師の調査で品質・製造能力とも合格の評をえる。結局、大阪セメントは入札（十一月十六日）に参加、落札三社に入る。

また、この翌年には防波堤工事のコンクリートブロック亀裂事件（第三章6）も発生、「疑獄」「珍事」と新聞種にされる。パーマーの監督責任も取りざたされるさなか、彼は急死する。

これらの出来事から、前述のような総会の決議がされたものと考える。とはいえ、ただちにパーマーや外国人技師をヤリ玉にあげるのはどうか。大阪セメントの件も、実際には同社は納期を守れず、品質も三社中最低、次回の入札から外される。コンクリートブロック事件も、要因は我が国の施工法（打方・養生など）の未熟によろう、というのが調査結果だった（セメントの質を度外視しての結論だが）。

この総会の席で、川田龍吉（日本郵船監督長）は発起人に加えられ、三日後の取締役会で専務取締役（明治三十年一月、取締役社長）に決まる。川田は明治十年、イギリス・グラスゴー大学に留学、機械工学を学んだ先駆者。パーマーに代わる日本人技師探しは、川田らに一任されることになった。

横浜船渠の第一回営業報告書（明治二十六年十二月—二十七年十二月）のなかに、二十七年一月から九月までは「技師ノ選択、地質ノ実測、船渠ノ設計、株金ノ払込等」の創業事務を専ら扱うとある（『神奈川県史』資料編十七）。また『三菱重工横浜製作所百年史』（以下「百年史」と略）によると、二十七年五月「設計を恒川柳作に依頼」とある。これから、恒川が同年一―五月の間に選任されたことがわかる。彼が外国人に代わる日本人技師として浮上した事情を次に追ってみよう。

邦人による初のドック築造

横浜船渠は明治二十九年（一八九六）に営業をはじめた。同年入社の石川さんの回想に、主任以上「全部英人」とあった（前述）。こんな時代に、ドックという造船所の心臓部の建設を託す「日本人」を見つけるのは容易ではない。その技師は、全責任をもってドックを完成してくれる人物でなければならない。川田らが、この大役に恒川をどうして選んだのだろう。

「百年史」は、恒川に白羽の矢を立てた事情を次のように説明する。

適任者の選択に東奔西走するなかで、海軍技師の恒川柳作が海軍横須賀造船所（のち海軍工廠）二号ドックの建設など船渠築造の経験に富む最適任者とわかり（後略）。

ここでは、恒川の経験に横須賀二号ドック（明治十七年六月竣工）があげられている。これは恒川の横須賀時代、建築課の掛員および掛主任のときのこと。いわば修業中の経験で、横浜船渠が彼を選任する十年も前の話だ。会社側としては、もっと最近の実績を知りたかったはずだし、その情報をつかんでいたと思う。私は今回、彼が横須賀以後に、かなり重要な仕事を成し遂げた事実を知った。これが横浜船渠の恒川指名の要因だろう、と考えている。

我が国のドック築造の嚆矢《こうし》は、周知のごとく横須賀製鉄所（造船所）である。F・ヴェルニー（フランス人）指揮のもとで、一号ドック（L・フロラン設計、明治四年築）、三号ドック（V・フロラン設計、七年築）が建設された。その後、先のように恒川も携わった二号（E・ジュエット設計）がつくられる。この間、長崎工作分局（長崎造船所）では、V・フロラン建築師長のもとで第一ドック（十二年築）が誕生する。いずれもフランス技術陣によるもの。

では、外国人の力を借りずに、日本人の手で築造された初のドックはどこか。呉鎮守府の第一船渠（山崎鉉次郎設計、明治二十四年築）である。『各海軍建築部沿革概要』（海軍省建築局、『広島県史』所収）も、「本邦技術者カ始メテ外人ノ手ヲ離レ単独施工セシモノ」と紹介する。横浜船渠がパーマーの後任を求めた明治二十七年までに、日本に築造された主要な乾ドックは、以上の外国人による四基と、この呉を加えた五基しかない。

実は、この邦人初という栄を担う呉の第一船渠築造の最高の功労者が恒川だった。彼は、この工事の全工程を責任をもって担当する。川田らが「東奔西走」中にこの事実をつかみ、横浜のドック築造を彼に託す決断をしたと考える。ヴェルニーの「仏蘭西学校」（黌舎）に学び、横須賀の工事現場で習得した技術が、呉で開花したのだ。その活躍ぶりをこれから記す。なお、会社が技師さがしに奔走した時点には、恒川は呉から佐世保へ異動していた。

明治十九年四月、海軍は全国の海面を五海軍区に分け、それぞれの地に鎮守府を設けることを決めた。まず、第一区（横須賀）、第二区（呉）、第三区（佐世保）の三鎮制でスタートする。新設される呉および佐世保の両鎮守府は明治二十二年（一八八九）七月、開庁された。恒川はこの両鎮守府の創業事務に携わる建築委員に任命（十九年五月）される。ほどなく委員が分けられ、彼は第二区専任（九月）になる。

当時、恒川は二等技手という、技師の下で働く専門職に過ぎない。同じ建築委員の石黒五十二（東京大学・理学、明治十一年卒）は三等技師（内務省と兼務）であり、遅れて同委員になる山崎鉉次郎（同、十七年卒）は四等技師だった。石黒はのち、佐世保第一船渠（明治二十八年築）を設計する。また、山崎が呉第一船渠の設計者になるのは前述した。このように、ドック築造技術を身につけた日本人も現われてきた。

呉鎮守府（はじめ第二海軍区鎮守府という）の庁舎建築は明治十九年十一月に起工、この頃、船渠工事も準備作業に入る。翌二十年八月に、ボーリングが二か所（四〇尺・四二尺）、海中せん孔が七か所（四〇―六〇尺）で行なわれている。この第一船渠（長さ一三三メートル）の工事は、日本土木会社（現在の大成建設の前身）の施工により、二十二年四月に着手、二十四年三月末日に竣工する。事前調査期を含めほぼ四年を費やす。

その間、本工事の主要な関係者は、土木主任の石黒、同じく主任の佐藤成教（三等技師）、設計者の山崎および工事監督の恒川（二十二年、五等技師）である。が、石黒も佐藤も船渠着手前に呉鎮守府を去る。一方、山崎が呉第一船渠の実務に就くのは、二十一年頃からである。彼は神奈川県庁（横浜水道事務所）に二十年十二月まで勤務している。結局、船渠工事に一貫してかかわったのは恒川のみだ。

明治二十四年四月十一日、呉第一船渠の開渠式が行なわれた。呉鎮守府の司令長官・中牟田倉之助中将が朗読した竣工文に次のようにある。

職工人夫ヲ役スルコト四十二万五千六十一人余、工費二十三万四千百七円六十六銭トス。之ヲ各地既設ノ船渠工費ニ比スレハ自ラ差アルノミナラス、其ノ構造ニ至リテモ多ク改良セシ所アリ。施行中先任技師ノ交々幹理セシモノアリト雖、終始直接工事ヲ薫督セシハ恒川五等技師ナリ（後略）。（『呉海軍工廠造船部沿革誌』）

ここにいう「先任技師」とは、石黒・佐藤を指そう。また、設計業務は山崎が担当したが、ボーリングなどを手がけ現場に精通した恒川が協力したものと思う。司令長官は、この開渠に至る間の恒川の労を多とし、文武官六五〇余人が参列する盛典で、ひとり彼をたたえたのである。

ドック築造をやり遂げた日本人が長崎県佐世保にいる、という情報に川田らが飛びついたと思う。ただ、横浜船渠が危惧《ぐ》したのは、恒川の引き抜きに佐世保鎮守府が応諾するかだった。

3 「某技師」が軍港で設計

昼は軍務、夜は製図

明治二十七年（一八九四）五月、恒川柳作は横浜船渠会社の用地を踏査する。横浜港とのかかわりのはじまりである。恒川は、上京の機会をとらえ立ち寄ったらしい。ドック設計のベースになる地質調査を行なうためである。彼は、必要な指示をして急拠、佐世保へもどっている。

この調査について、同社の第一回『営業報告書』（『神奈川県史』前掲）は次のように記す。

技師〔恒川のこと〕ノ指揮ニ依リ、船渠地ニ当ル内田町海面三万六千五百坪ヲ縦横ニ区画シ、恰《あたか》モ碁盤ノ如ク十間毎ニボーリングヲ施シ、深サ四十尺乃至六十尺ノ地層土質ヲ試験ス。其数実ニ四百三ケ所、且ツ船渠ノ中心ニハ九個ノ井戸ヲ掘削シ、湧水ノ多寡ヲ実験セリ

この実務は、会社が採用した牛島辰五郎らにより、五月十四日—六月六日に行なわれる。その結果が九日、恒川のもとに送られた。また、同日の取締役会で、船渠計画を長さ三五〇尺と五〇〇尺の二基（前計画は四基、パーマー案による）とし、両ドックの設計および費用算出を行なう、埋立区域を当面約二万坪（前計画三万六五〇〇坪、同）にとどめる、などを決議する。ただちに、その旨が恒川柳作に伝達された。佐世保にいる恒川は、こうして横浜から届けられ

るデータ類にもとづき、ドックの図面をひいた。同年八月二十五日、設計図六枚、工事予算書一式が横浜船渠へ届く。

いま、みなとみらいにある二つの石造ドックの設計図書は、こんな具合に一二〇〇キロもの間を主要な情報が行き来しながら作成された。現在とは格段にちがう通信事情を考えると、双方ともずいぶん苦労があったことだろう。

恒川は「昼間ハ公務ニ服シ、其余暇専ラ夜業」でこの設計に取り組む。軍港の一室、裸電球の下で、図面と格闘する髭面の顔が目に浮かぶようだ。こういう激務になったのは、やはり心配したように、軍側が恒川の佐世保転出に後ろ向きの姿勢だったからである。それで、会社が海軍に同技師の拝借願いを提出して頼み込み、ようやく夜なべ作業でスタートすることになった。

同省が恒川の業務にこだわったのは、日清間がきわめて緊張の時期（二十七年八月一日宣戦布告）だったからだ。彼が横浜船渠の用地を踏査（同年五月）して間もない閣議（六月二日）で、いっきに韓国への派兵が決定されている。こういう情勢で枢要な地となった佐世保だが、鎮守府の施設整備が三鎮守府中、最低だった。第一船渠の起工（九月予定）が急がれていたのだ。

こういう緊迫下だったから、公務の余暇に設計との話も、佐世保鎮守府は目をつぶるといったものだったらしい。先の恒川来浜の件が同社『営業報告書』に「某技師帰省ノ途次一日船渠地実際ノ地形踏査ヲ請ヒ」と記述される。会社は海軍側に配慮して職と氏名を伏せている。

ドックの長さをどうして決めたか

横浜船渠の取締役会（明治二十七年六月）の決議で、計画する二つのドックの長さを三五〇尺と五〇〇尺にしたことを先にふれた。この長さは恒川が精査して決定したものだ。

彼は、このドック築造がパーマー案を受けたものだが「我造船家ニ謀リテ船渠ノ形状ヲ確定」する必要があったと述べている（「船渠ノ話」）。本ドックについて、このような使う側の意を重視する発言がよくみられる。当然のことに違いないが、この船渠が「海軍ドック」でなく「営業ドック」なので、とくに強調したのであろう。

さて、恒川が同年八月に会社に届けた設計図書によると、ドック主要部の大きさは次のとおりである（『営業報告書』より。小数点以下四捨五入）。

第二号
長さ（盤木上）　三五〇尺（一〇六メートル）　幅（渠口下部）四六尺（一四メートル）
深さ（通常満潮）二六尺（八メートル）

第一号
長さ（盤木上）　四八二尺（一四六メートル）　幅（渠口下部）七六尺（二三メートル）
深さ（通常満潮）三四尺（一〇メートル）

盤木上の長さとは渠底の長さ。すなわち、その長さの船舶なら自由に入渠できることになる。これから、通常、ドックの長さはこれでいう。前述の取締役会での三五〇尺、五〇〇尺も同上の長さ。だから、それぞれのドックは、ここにあげた長さ・幅・吃《きっ》水（深さ）の船舶なら入渠可能ということだ。

では、この大きさはどうして決めたか。恒川は次のように説明している。

第二号船渠は、修繕需要の多い我が国の船舶が入渠できる程度の大きさにする。明治二十七年現在、このドックに入渠できない日本船は数隻のみである。また第一号のほうは、横浜入港の外国船および軍艦（一トン以上）すべてが入渠可能なものにする。

彼は会社側の意向を確認のうえ、効率的なサイズを追求し大きさを決定したことがわかる。

なぜ第一号を斜め配置にしたか

さらに恒川は将来の対策も考えていた。時代の変化で、より大きなドックに改造できるように配慮して、両ドックの位置関係を決めている。みなとみらいに行かれた方は気づかれたと思うが、二号と一号は平行ではなく一号が斜めになっている。

彼はこの一号ドックの配置についていう。

「将来延長スヘキ船渠ノ全長ニ対シ余地ヲ存スル為メ斜ニ」した。二号は道路に直角とし、それに三〇度、傾けて一号の中心線をひく。（「船渠ノ話」）

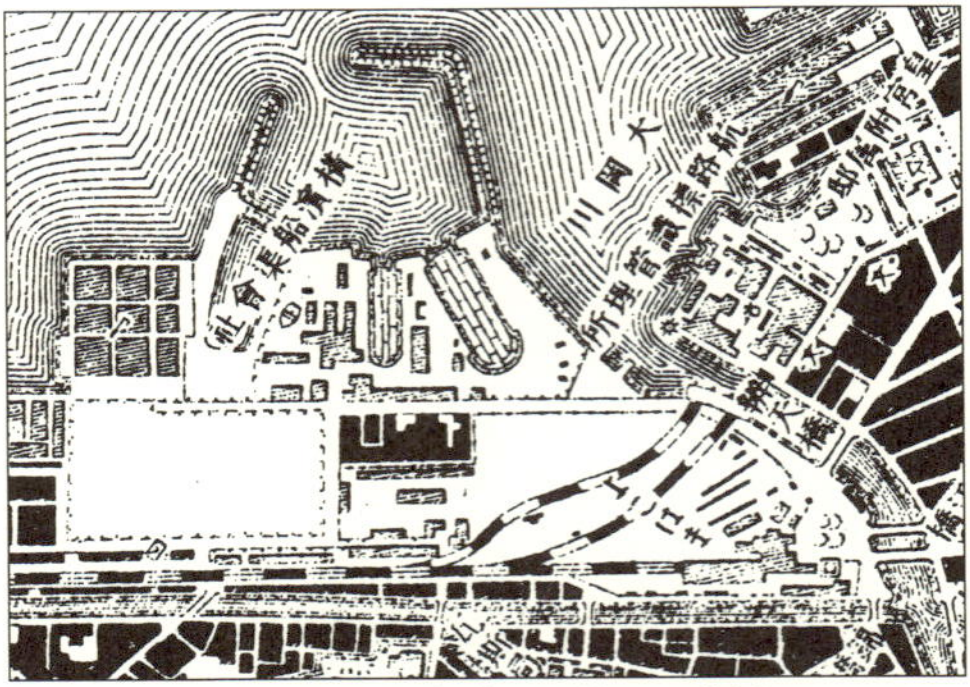

ドックの配置計画　1号(右)は2号に30度傾いている。右下「よこはま」は現JR桜木町駅。陸地測量部発行　一万分一地形図「横浜」(部分) 明治41年発行

拡張工事に備え、必要な用地を確保するためだった。

早くも大正五年頃には、大型船の修繕に応じられなくなり、一号ドックを三三メートル延長(渠頭部)することになる。翌六年着工、七年（一九一八）八月、竣工をみる。いま、私たちが日本丸メモリアルパークで見るドックは、当初の一号ではなく、その二十年後に改造されたものである。

なぜ第二号を先につくったか

二号ドックの工事は、明治二十八年（一八九五）一月着手、翌二十九年十二月に竣工した。一方、第一号の工事は、同年七月から三十一年十二月に行なわれる。両ドックの工程は次のようだった。

第二号
潮留・二十八年一月－同年十月
石積・二十九年三月－同年十二月

第一号
掘削・二十八年十一月－翌年三月
開渠・三十年四月西京丸入渠

潮留・二十九年七月—翌年三月　　掘削・三十年四月—同年十二月
石積・三十一年一月—同年十二月　　開渠・三十二年四月河内丸入渠

これまで私は、両ドックについて築造順に二号→一号というように述べてきた。ある図書に、先につくられたのがなぜ二号か、わからないと書かれてあった。ここで、番号順とは逆につくられたことにふれよう。

この工程にあるように、二号の竣工直前（正確には六か月前）に一号が着手されている。これは、恒川が〈営業船渠〉に意を用いて採用したスケジュールだった。会社側は当初、両船渠の同時着工を予定していたが、彼の意向に従って二号先行を決める。

両ドックの施工順について、恒川は講演で次のように語っている（大意）。

一号、二号を同時に着工するのは技術的に可能である。が、工事範囲が広がるので地中からのわき水の排除が大がかりになり、かつ広大な材料置場を確保しなければならないなどの困難がともなう。この結果「竣工期遅延シ会社営業ノ時機後ルルノ憾《うらみ》アリ」。これに対し、二号を先行し「之レカ殆ンド成功スル」目前に一号を着手すれば、「速ニ営業ヲ開始」する一方、着々と工事を進められる。（「船渠ノ話」）

彼は、水中工事につきものの不安を少しでも減らし、小さい二号から手をつけ、まず開業を確実なものにしようという。まさに〈営業船渠〉に最適な手順を横浜船渠に示したといえる。

また、前述のとおり、二号ドックは小サイズとはいえ、日本船のほとんどが入渠可能である。

この船渠のみでも当初の営業に支障のおそれはない。これが前提にあったのはいうまでもない。そして、横浜船渠がドック着工に踏み切ったのは、日清戦争のさなかである。この影響で、物価騰貴や職工不足に見舞われる。結果論になるが、両船渠の同時着工を避けたのは賢明だった。

4　「屋根のない大宮殿」

現場小僧と第二号ドック

さて、先にふれた二号ドック建基式に十二歳の長谷川伸二郎（のちの作家・長谷川伸）が参列している。前述した吉川少年はドックでカンカン虫として働いたが、長谷川はそれより十五年ほど前、ドック築造の現場小僧などとして励む。伸二郎も吉川と同じく横浜生まれ。ともに若き日、家が没落して小学校を中退、職を転々と過酷な道を歩いた。

長谷川伸は、子供の頃の写真がないが、一枚だけは「あるにはある」という。それは、ドック時代のなにかの記念写真で「姿は写っているが、顔に目鼻も口も消えてない」と書いている（『ある市井の徒』）。この写真は二号建基式のものらしい。最前列に六人の子供が一団になって写っている。その右端が伸二郎ではないかという（三菱みなとみらい技術館の教示による）。この少年の顔をよく見ると、他の子供たちにくらべ目鼻だちが不鮮明だ。

第2号ドック建基式の記念写真　下：前列6人の子どものうち右端（着物姿）が伸二郎か。『三菱重工横浜製作所百年史』から

ＪＲ桜木町駅とみなとみらい21を結ぶ動く歩道は、帆船日本丸やみなとみらいの街を見たり写真を撮ったりする人たちで、いつもにぎやかだ。が、この歩道下、日本丸のかたわらに長谷川伸（伸二郎）の文学碑（一九八五年建）があるのに気づく人は少ない。門弟の方々（代表村上元三さん）が、伸ゆかりの「旧ドック跡に一生を人のために費し、無私を貫き通した先生を記念」して建てたものだ。

伸は、いまから一一〇年前、第二号船渠の工事に汗を流した。とはいえ当時、十一、二歳、仕事は弁当運びなどの雑役である。この現場で彼の目に映った「屋根のない大宮殿を建てたような」その築造の過程が、伸の「新コ半代記」（「新コ」は伸二郎）や自伝随筆『ある市井の徒』にくわしい。これから主に両書の助けをえてつづってみる。

彼は、このドック工事の請負人に雇われた。その着工から完成までの二年間（明治二十八―二十九年）、住み込み小僧を皮切りに、現場の撒水夫《さっすいふ》などとして働く。もらった給金は、はじめ月一円五十銭だったが、のちに三円ぐらいになったという。前述のように英ちゃんの場合は月にすると十円ほどだったから、伸二郎の賃金はかなり安い。

ドック建設は潮留からはじまる。これはドック周囲を海水から遮断する工事。伸は「来る日も来る日も人間が波と風とに逆《さか》って」潮留を施工すると書いている。この下請人で呉の水野甚次郎という人がいた。伸は、ドック工事で出会った人で敬服した人は二、三人といい、そのひとりに水野をあげる。伸二郎に次のようにいったという。

新コが図面を写しに九州組から船渠会社に向けられ、何日間かに写しはしたが落第したことがある、その時かも知れません、新コさん人になれ立派な人にというようなことをいってくれました。

新コと水野とは結局、この潮留工事だけの付き合いだった。それから四十年以上も過ぎたある日、伸は水野の墓参りをすることになるが、次節にゆずる。

建基式から石積みに入ると、新コは撒水夫として現場に立つ。その役割は、据えられた石材を水分蒸発や寒冷から守ること。伸はその仕事の実際を次のように記す。

据付けが終ると蓆《むしろ》を吊って日光の直射を遮ぎり、蓆に水をやって常に湿らしておく、その蓆を吊るのと水を撒《ま》くのが新コの仕事でした。

そして、ドック内の石の壁は「残らず新コの撒いた水を受けたものばかり」とある。二号ドックに据えられた石は一万六七〇〇本もあったから、思わず「新コの」と力が入ったにちがいない。石造ドック建設の感激を「だれもいない竣工の乾船渠を、じッと見詰めている眼に涙が滲んだ」とつづる。

現在のドックヤードガーデンの石の壁は積み替えられ、約一万二〇〇〇本が据えられた。その一本一本に伸二郎少年のぬくもりも感じられるような気がして、私はソッと触れてみたりする。なお、日本丸が係留されている一号ドックには当初、三万五〇〇〇本の石が積まれた。両ドックの石材は地元・真鶴の小松石である。

「一番えらい人が怖くなかった」

恒川技師の助手をつとめた牛島辰五郎は、やせた顔に青筋が見えるので、「青閻魔《えんま》」のあだ名があったという。伸二郎にとって、工事監督や肝煎《きもいり》（現場世話役）といった人たちは近寄りがたい存在だったろう。そんななかで、新コが次のような恒川観察をしているのがおもしろい。

工事監督の人達の中でたった一人、一番えらい人が怖くなかった、その他の人はだれも彼もみんな怖いのが揃っていた。怖くないのは恒川柳作という海軍関係の技師で、鼻の下と頬と腮《あご》とに髭《ひげ》があって、右か左かの鼻の穴の近所に、白い毛が目立って多かった。（中略）柔和な眼をしていて、つまらなく怒ったりしない顔つきに新コにはみえた、実際は知らない。

また、小僧は恒川が通行するとき近づけなかった。「まごまごしているとお付きの連中が睨みつけた」と。その恒川が「怖くなかった」のだから、新コらにとっては痛快だったろう。

このように、恒川技師が現場に立つようになったのは、石積みがはじまった頃からである。明治二十九年（一八九六）五月、ようやく恒川の鎮守府との掛け持ちが解かれ、横浜船渠の委嘱が認められた。本省に創設された臨時海軍建築部（のち建築局）に恒川は籍を置く。同部は、第四海軍区の舞鶴鎮守府建設を推進するねらいで設けられた。いうまでもなく、日清戦争を終え対露への備えである。

以後、一号ドック竣工までの約二年半の間、恒川の姿はいつも横浜の現場にあった。三十二年（一八九九）五月一日、二つの石造ドックの開渠式が行なわれ、五月二十二日に船渠築造部は廃止された。

内閣官報局発行の「職員録」（明治三十年十一月現在）によると、恒川の氏名に「横浜、老松、二、九」（現在の西区老松町）と住所が付されている。「新コ半代記」に「いつごろからだったか、現場の近くに恒川邸が出来た」とある。彼が鎮守府を離れ、横浜のドックに専念できるようになった明治二十九年頃のことだろう。

なお、横浜船渠から本省へ復帰後の「職員録」（三十三年四月現在）には、彼の氏名欄に「赤、丹後、八九」（現在の港区赤坂四丁目）とある。ふたたび海軍ドック（舞鶴鎮守府）に打ち込むことになり居を移す。

5　社長と小僧の後日談

男爵イモの「男爵」は元社長

川田龍吉は高知の出身。明治二十六年から三十六年まで、横浜船渠創業期の経営に携わり、会社の礎を築いた。彼は、日本人技師に恒川を選任以来、二つのドック建設（明治二十八年一月―三十一年末）に精力的に取り組む。このドック完成に備えて、二十九年九月、船舶修繕の営業をスタートさせた。

川田は、二つのドック開渠式（三十二年）を見届けると、翌年、社長を退き会長へ。その職も三十六年に辞し会社から身を引く。両石造ドックを置き土産にしたような川田だった。実は、彼がもう一つ日本に遺したものがある。北海道名産品として知られる「男爵イモ」だ。

川田龍吉の横浜船渠を辞めてからの変わりぶりには目をみはる。三年後、三十九年（一九〇六）二月、函館に姿を現わす。四十九歳の龍吉は、それから四十五年間、ここ道南の地を離れなかった。川田が北海道に渡ったのは、営業不振にあえぐ函館船渠の立て直しを頼まれたため。だが、専務取締役として経営の基礎かためをすますと、横浜時代同様、躊躇することなく退任する（明治四十四年）。

龍吉は、函館に足を踏み入れてより、この地に適したジャガイモの栽培に取り組むようになった。そして、九十四歳で世を去るまでジャガイモの改良・普及に努める。彼の生涯の大半はイモの研究に費やされたのだ。かくて、いま、ジャガイモのなかでも品質第一といわれる男爵イモが広まった。彼の北海道での活躍については『函館・道南大事典』がくわしい。

日本にジャガイモが伝えられたのは、いまから四〇〇年ほど前だ。長崎港に入ったオランダ船がジャカルタ(ジャガタライモの名の由来)から運んできた。龍吉は、明治四十一年頃、アメリカ産ジャガイモ種を輸入、函館郊外・七飯《ななえ》村(現在の亀田郡七飯町)で試験的に植えさせた。のち、当別《とうべつ》(北斗市上磯町)に農場を移して本格的にアメリカの農法を取り入れる。

こうして、アイリッシュ・コブラーと呼ばれた品種がこの地に適し、食味がよく、色・形(白丸)もいいことがわかった。川田は農民にその栽培を熱心に勧めた。

このジャガイモの人気が道南から各地へ伝わるにつれて、名前をつけようということになったのだろう。彼の父・小一郎(第三代日本銀行総裁)は明治二十八年、男爵を授かり、翌年、病没する。長男の龍吉が襲爵した。横浜船渠時代、ドック工事中の頃である。北の大地で、男爵がイモづくりに励む姿は評判だったろう。これにちなみ「男爵イモ」と名づけられ、その名は急速に全道へ広まった。

当別の男爵資料館に一台の蒸気自動車が飾られている。龍吉が函館船渠の専務取締役に就任するとき、東京から運んだアメリカ製乗用車だ。彼は道内で最初に自動車に乗った人といわれている。ハイカラな男爵だった。晩年は洗礼を受け、いま、川田農場に近いトラピスト修道会・

男子修道院に眠る。

「エラクなったら」

長谷川伸といえば戯曲「瞼《まぶた》の母」を思い出そう。これに著者の経験が凝縮されているのは周知のとおり。伸二郎は三歳のとき生母と別れる。その四十六年後（昭和八年）、一女性から突然、手紙をもらう。これがきっかけになって母と再会する。

この手紙から、伸二郎が長谷川家を去る母に次のようにいった、と伸は知らされた。

今に大きくなったらお馬に乗ってお迎えに行ってあげるから、そんなに泣くのじゃないよ。

母がずっと胸に秘めていた「瞼の子」の言葉だったとのこと。

実は、横浜船渠の現場小僧のときにも、伸二郎は同じように「……なったら」とある人物に話している。彼が立派な請負師のひとりに名をあげた、呉からきた水野甚次郎にである。その水野は横浜船渠の仕事をする以前、地元の呉鎮守府第一船渠の築造に参加している。日本土木会社の下請けで、用地の鍬取工事を行なう。ここで彼は、呉時代の恒川技師に出会う。この工事経験があって、横浜進出を果たしたのだ。

さて、水野は横浜船渠の潮留工事の折、親子ほども年のちがう伸二郎に、なにかと声をかけ励ます。そんな請負師に向かって、新コがいった一節がふるっている。

エラクなったらお目にかかる、エラクならなかったら行きあっても逃げる（『ある市井の徒』）

彼はこういい方をよくしたらしい。

長谷川伸は水野とのこの会話を忘れなかった。「エラクなったら」と心がけていたが、「まだまだ」と思っているうちに水野はこの世を去る（昭和三年）。伸は彼の墓参りを一度はしたいと思う。その手掛かりがある劇場でできたという。

名古屋で伸の作品が上演され（昭和九年）、彼が立ち寄ったときである。幕あいに、伸を観客に紹介したTさんという人がいた。それから一年半ほどのち、またTさんに出会う機会があった。こんどは、伸を水野組名古屋支店長に引き合わす。水野組（現在の五洋建設）は、あの請負師・水野甚次郎が横浜船渠の工事後に創立した会社。第二代社長の甚次郎（襲名）が伸に会いたいとの話だった。「墓前にはまだまだ起《た》てるところまで行っていないと心得てはいたが」、いつなりとも喜んでと答えたとのこと（同）。

長谷川伸が彼の墓参をしたのは昭和十四年四月だった。「やッとこさ新コはここまで来ました」と報告、『荒木又右衛門』、『股旅の跡』および『瞼の母』の三冊を墓前に供える。こうして二代社長の甚次郎との交流がはじまった。

先代から、横浜船渠の飯場に「張りのある才能の豊かな恐ろしく変った」新コという少年がいた、と社長は聞かされていたという。また、この少年を仕事がすんだら呉へ連れて行こうとしたが、横浜を離れたくないと断られた、との話も同社に伝えられている（『五洋建設百年史』）。もし、伸二郎が呉へ行っていたら、どんな実業家になっていただろう。

6　谷崎潤一郎がみた悩める恒川家

晩年の柳作と長男・陽一郎

恒川は、横浜船渠（株）のドック工事を終えると、居を東京・赤坂へ変えるが、ほどなく京都府舞鶴へ移る。一旦、本省の臨時海軍建築部に復帰したのち、明治三十四年（一九〇一）、舞鶴鎮守府の経理部建築科技師に転じた。三十六年、同建築科長・三等技師に昇進。このポストが彼の海軍での最後の役職になる。舞鶴では、第一船渠築造（三十七年竣工）の指揮をとり、第二船渠の着手（三十八年）まで見届けた。

三十九年（一九〇六）、恒川（五十二歳）は官を辞す。この間、日本本土の海の拠点・四つの鎮守府すべてにかかわり、それぞれの海軍ドック建設に足跡を残した。自由の身となったのち、横浜船渠からふたたび声がかかり、同社の三号ドックの設計、工事監督を行なう。日露戦争後の船舶需要に対応するためのものだった。規模は、一号と二号の中間で、四十年着手、四十三年（一九一〇）完成をみる。これが恒川柳作のドック人生のしめくくりになった。

功成り名を遂げた柳作は、その後、赤坂・青山北町（現在の港区北青山）の邸宅で、家族とともに静かな余生を送るつもりだったのだろう。しかし、ほどなく、長男・陽一郎とある芸妓との結婚問題（後述）が浮上、彼は悩める父親としての日々を過ごすことになる。この心痛もあったのだろう。大正三年（一九一四）、心臓麻痺で息を引き取る。享年五十九歳。

恒川家では、その二年後、陽一郎も病没する。死因は慢性中耳炎（一説に肺炎）という。二十八歳の身だった。子煩悩だった柳作が、長男の死を知らずに他界したのがせめてもの慰めだったろう。

このように、柳作の晩年を語るとき、陽一郎を外せない。話はさかのぼるが、現場小僧の新コが幼年期の陽一郎を見ている。新コは老松にあった恒川邸のそばを歩いて横浜船渠へ通っていた。

　帰っていくころ往来に男の子が出ていることがあった。紺がすりの着物の男の子としか憶えていない。今は忘れられてしまったが恒川陽一郎という、若くして死んだ小説家がその後身だ。（「新コ半代記」）

長谷川伸がこの作品を発表したのは戦後（一九四八年）だから、「忘れられ」とあるのもやむをえない。陽一郎にはいくつかの小説がある。その一つ私小説『旧道』（大正三年）で、父や家族について次のように述べる。

　父は「工事」――殊に船渠工事を自分の偉大なる使命として熱心に研究し且実現した。工事の為めならどんな片田舎へでも行きたがった。その時は一家総出で出かけるのであった。さう云った理由で彼〔陽一郎〕の兄弟はみな港の街で、スクリウの響や汽笛の音を聴き乍ら生れた。

彼と呉作の兄弟は呉で誕生した。恒川はいい父親で、とくに陽一郎には目がなく「無茶苦茶に可愛がった」という。四高（旧制）に合格、新橋から金沢へ行くとき、父は「心配で心配で」舞鶴からわざわざ米原まで出てき、金沢での生活ぶりを見にもきた、とある。

その後、陽一郎は父の強い意向で一高に転校（明治三十九年）、東京帝大へ進む。大正二年（一九一三）、仏法科を卒業する。彼は、作品よりも、東京府立一中（現在の都立日比谷高校）のクラスメート谷崎潤一郎との親交や、名妓・万龍との結婚で文壇に知られる存在だった。

谷崎は、陽一郎や恒川家との交流について、「青春物語」（『中央公論』、昭和七年九月―八年三月）に述べている。また、岡本かの子は、陽一郎を「ある時代の青年作家」（『文芸』、昭和十四年五月）で取りあげた。万龍とのロマンスを最初に書いたのは小山内薫で、「梅龍の話」（『中央公論』、明治四十四年十二月）という短編小説がある。

長男の結婚問題とは

さて、陽一郎の結婚問題とは、帝大生の彼と赤坂・春本の万龍とがふとした出会いから、やがて熱愛の仲に、そして結婚へと進んだことである。彼は柳作が手塩にかけた跡継ぎ。一方、彼女は東京の花柳界を背負うといわれた名妓、春本としてはオイソレと手放せない。それからふたりが結ばれる三年の間、柳作夫妻の戸惑い「オロオロしている様子は、ハタの見る目も気の毒」（谷崎）だったという。

明治四十三年（一九一〇）八月、陽一郎は箱根塔之沢へ遊ぶ。万龍も芸妓仲間と湯治（環翠楼）にきていた。ところが、あいにく豪雨に見舞われる。十日夜、早川の流れが大暴れ。塔之沢では福住楼が激流に飲まれ、四人が犠牲になる（『時事新報』八月十三日付）。

このとき、滞留客たちは、闇夜に山路をびしょぬれで命からがら湯本へのがれた。たどりついた避難所で、万龍は脳貧血でたおれる。その彼女をひとりの書生が助けた。これが彼と彼女との出会いだった。

この翌四十四年、小山内が万龍と同宿した芸妓の話をもとに著わしたのが、先の「梅龍の話」だ。ふたりの出会いを次のように書く。

大学生見たいな方がどうい
ふ訳だか、マントで顔を隠して、コップに注いだ葡萄《ぶどう》酒をマントの下から出して下すったのよ。それを飲むと姐さん〔万龍〕は直ぐ気が付いたの。（中略）その大学生は或博士の秘蔵息子であった。

柳作が「或博士」として登場している。これは隠れた美談で終わるはずだったろう。そうなれば恒川家に波風が立つこともなかった。彼女が陽一郎夫人になったのち、小山内も「二人の関係が今日のやうな真面目な解結を見ようとは夢にも思はなかった」（『旧道』跋）と述べる。

谷崎に相談を持ち込む

東京朝日新聞（大正二年三月二十七日付）によると、万龍は帰京後「命の恩人として陽一郎を訪ひ《と》」、また陽一郎も「赤坂の三河屋へ万龍を招き」とある。こうしてふたりの仲は急進していった。以下、主に谷崎著により話を進める。

谷崎の府立一中のクラスには吉井勇や辰野隆らもいたが、谷崎が「最も親密にしていたのはやはり恒川と大貫〈晶川。岡本かの子の実兄〉の二人」だったという。また、赤坂の名妓たちは「無名の文学青年などはてんで相手にもしてくれない」のに、恒川は「まだ角帽を頂いている白面の一書生たる身をもって、この一代の驕妓《きょうぎ》の心を囚《とら》えた」と書く。そして、「すっかり女房気取りで彼の許《もと》に逃げて来ている万龍」に会うまでは、この話を谷崎自身、本気にできなかったとある。

当然、ふたりが結婚するには彼女の落籍が前提になる。恒川家にとっては、かなりの金の工面もさることながら、芸妓を跡取りの正妻として迎えるのははばかられる。もちろん彼に金のあてはない。谷崎は、恒川が「金策に困って、その相談を私の所へ持ち込んで来た」という。

こうして、大正二年三月、谷崎は恒川家を訪ね、両親に会っている。その様子を次のように記す。

母堂は（中略）涙交りに愚痴を並べながら、この結婚はどうしても許す訳には行かない（中略）厳父も無論同意見だった。（中略）工学博士で横浜の某船渠会社の顧問をしておられた厳父の地位として、社会的信用を懸念されたことが第一の理由だったであろう。

帰りぎわ谷崎は、両親から陽一郎が「意を翻すよう」忠告を懇願される。が、父母が「すっかり恒川に足元を見られているので」、結局は彼の希望どおりに押し切られてしまうだろうと述べる。谷崎はすぐ恒川に、この会談の内容を「そのまま」伝えた。だが、陽一郎は「金の苦労も両親の反対も何くそ」という態度だったとのこと。その日、谷崎は恒川・万龍両人に歓待され泊り込む。

翌日、谷崎は近くの岡本一平・かの子を訪ねる。その頃の谷崎を、かの子は冷ややかにみている。恒川の「両親との間に往来して落籍事件参謀に与《あずか》って居た」と書く。また、事件に真剣なのは「天下に嬌名轟く名妓千龍〔万龍〕氏の一身上の事件に係り合って居るといふエクスタシーが加」わっているのではないか、と。

この結婚問題の結末は先の東京朝日新聞によると次のようである。

大正二年二月上旬、陽一郎は春本から「身代は大枚一万円、外に引祝五千円」と吹っかけられる。この金策について「谷崎氏の助力にて先づ五千円を調達したれば跡五千円は証文として万龍の入籍と引換に消す約束」で三月二十五日に話がつく。

記事の締めくくりに「親の心や如何」との見出しをつけ、病身の父や優しい母の苦労を気づかっている。当時の銀行員の初任給（四〇円）から推算すると、一万円は現在の五〇〇〇万円にもあたろう。紙面にも「父に大金の債務を負はせ」とあり、最終的に柳作が算段したものと思う。この身受け騒ぎの間、万龍は赤坂にいたたまれず、陽一郎の義兄宅に身を隠していた。

静子（万龍の本名）夫人の評判はすこぶるいい。あの冷ややかなかの子も「名妓の名残と良妻とを兼ね備へた」女性という。たしかに「分別もある、聡明な」人（谷崎）だったようだ。柳作も「すっかりしろうと作り」（同）した静子や、その四か月後（二年七月）に法学士になった陽一郎の姿に安堵したことだろう。実はこのときが、家族五人（柳作夫妻、長男と新婦、二男）にとって幸せの頂だった。

柳作、翌三年一月二十四日、帰らぬ人に。陽一郎、五年八月二十九日没。彼の心はいかばかりか。静子、二十三歳（数え）という若さで恒川未亡人となる。同家の不幸はこれで終わらなかった。その後を次にみよう。

新進建築家が救う

静子は、陽一郎の一周忌を待って、大正六年（一九一七）八月二十日、岡田新一郎という建築家と結ばれる。東京朝日新聞（八月二十一日付）は、「二度目の花嫁姿」の写真をつけてこれを報じた。

岡田は、東京帝大（建築）明治三十九年卒のいわゆる銀時計組である。当時、三十三歳、早稲田大学と東京美術学校で教べんをとる新進の学究だった。教室で、学生の設計した公会堂を、「後悔堂」といってわかせる名物教授である。建築界では、口八丁手八丁として有名。

こう書いてくると、元赤坂の名妓と花形アーキテクトという、人気者同志の結婚を思い浮かべがちだが、大まちがいである。この再婚話は、陽一郎没後の恒川家側の内情より起ったもの

恒川静子と岡田信一郎　『東京朝日新聞』（大正6年6月26日付）から

だ。その話に入る前に、建築家岡田を知ってもらうため、彼の作品にちょっとふれておく。

岡田新一郎設計の建築は、大正末から昭和初めにかけ、次々に完成している。東京で身近な建物に、銀座四丁目の歌舞伎座（大正十四年築。戦災後、吉田五十八設計で復旧）がある。また、いまの神田・ニコライ堂は、関東大震災後、修復（昭和五年）されたもので、彼の手になる（原設計、J・コンドル）。そして、岡田の代表作に、様式建築の傑作として名高い皇居前の明治生命館（昭和九年築。国重要文化財）がある。五階分ぶっとおしのコリント式大オーダーの列柱一六本（うち、皇居側一〇本）が迫力満点だ。その端正・重厚な外観は一見に値する。お濠に映る姿が美しい。これが彼の遺作になった。

鳩山一郎と岡田新一郎は、東京高等師範附属中学、一高、東京帝大が一緒、以来、三十余年の付き合い。鳩山一郎が自宅（現音羽の鳩山会館、大正十三年築）を建築するとき、はじめHという建築家に設計を頼む。これを知った岡田が、「俺に相談しないといふ法があるか」と怒り、一郎が迂闊と謝る一幕があった。この設計に岡田は一銭の金も受け取らなかった（鳩山一郎「岡田新一郎と自分」『建築雑誌』昭和七年五月）。

さて、静子の再婚話に戻す。東京朝日新聞（大正六年六月二十六日付）をみよう。「恒川静子と岡田工学士」との「縁談が進行中」との記事だ。要約する。

陽一郎の死後、恒川家は「不幸続きで」、母（たまる）も彼の後を追う。静子は、実父母が同家に扶助されていたこともあり、その立場は苦しい。これを察した同家筋から、彼女の再婚の件が持ちあがった。この内情を恒川の親族が、笹川臨風という美術評論家に相談。笹川は万龍も岡田も知る人物である。彼はふたりを良縁としてそのまとめ役に立った。また、陽一郎の弟・呉作が早大理工科出身、岡田の教え子で両家には縁がある。

明治生命館　東京都千代田区

以上の再婚話の陰に、記事にもある呉作の存在があったように思う。恒川家に残されたのは若いふたりだけ、呉作は静子の身の上をとても案じたことだろう。彼が早大出身というので調べてみた。建築学科の大正五年三月卒だ。その五か月後に兄を亡くし、まもなく母も逝く。そんな不遇な呉作や同家のことを、岡田は真剣に心配するようになったのではないか。

のち、若死にする岡田に寄せられた追想文（『建築雑誌』前掲）を読むと、彼が学生の面倒見がとてもいいと幾人もが述べている。また、今井兼次（大正八年、早大卒）は同文に、先生は「逆境にあるもの、恵まれざるものに心を投げ行く義俠の肌を持って居られた様に思ふ」と書く。岡田と静子の祝言の席（山王茶寮）に、呉作が恒川側を代表して新婦とならぶ。同家には彼しかいなかった。

こうして静子は岡田夫人となったが、その生活は長くはなかった。昭和七年（一九三二）四月、岡田は心臓麻痺で他界する。四十八歳だった。彼は幼少から病弱で、「昔からヒョロヒョロ」（鳩山一郎）、「この二十年間ほとんど半分は床の中」（佐藤功一）という身だった。

この体でよくもと思うが、彼の作品は晩年の十二年間に集中する（住宅等を除き五四件）。その力の源に、彼が良きパートナーに恵まれたことがあった。たとえば、内藤多仲であり、静子夫人である。

岡田の主要な六作品は内藤が構造設計をしている。ふたりは早大で同時（明治四十五年一月）に教授に昇格した仲だ。歌舞伎座は完成直前、関東大地震の洗礼を受けるがほとんど無傷、七か月間、工事を中断しただけですむ。岡田の名を高めたことはいうまでもない。また、明治生命館は、いまから七十年以上前に竣工した建築だが、現行法の耐震基準にも適合するという。こう話していると、教壇に立つ「消防ポンプ」（内藤のアダ名。鐘とともに教室にくる）の姿が目に浮かぶ。私は不肖の学生だった。

次に静子。病身の岡田を支えた内助の功がみのがせない。彼は、明治生命館の工事半ばに世を去る。さぞ無念だったろう。この建築では、図面のチェックや材料の選択、施工の指図などを病床より行なう日々が多かったという。その頃（昭和六年夏）、今井兼次が見舞う。彼女の心づかいを追想文に記している。

　南面した座敷に座居のまゝ対談することが出来た。その間、奥さんの介抱は不断のもので後から背をさすり、涼を与へて看護に尽されてゐたが、故人は話の赴くままに長時間談話を続けられるので、奥さんはそのことを気にして居られた。

今井は、翌年正月は遠慮して夫人にだけ挨拶し、ゆっくりお会いできる日を祈って帰ったという。それから三か月後、岡田は不帰の人になる。死の前日まで、明治生命館工事の指示をしていたとのこと。

　みなとみらい21の石造ドックを設計した恒川柳作を追って、皇居外苑前のビルにまできてしまった。先日、私は改めてこの古典式建築の前に立ち、柳作との不思議な縁にしばし感慨にふけった。みなとみらい21のドックもお濠端の殿堂も、ともに日本の貴重な文化財である。

第六章
新港埠頭
なぜ大蔵省が土木工事を行なったか

新港埠頭　大正期　北海道立文書館蔵

1　貿易量の増大——第二次築港工事

東洋の港へ

また『街道をゆく』をかりる。第二次築港による新港埠頭が次のように書かれている。

新港といってもこの埠頭は明治三十二年の着工で、途中、何度も財政難で工事の空白期があり、大正三年になってやっと完成した。つまりは大正初年での新で、いまはローマの石造遺跡をみるように古び、横づけされる船の影もなく……人の気配もない。（『横浜散歩』）

この初出は一九八二年（『週刊朝日』）で、司馬さんがここを歩いたのは同年九月だ。まだみなとみらい21事業も着手（翌年）されていない。本埠頭は戦後接収され、その解除（一九五六年）後もかつてのような活況を呈する日を迎えることはなかった。赤レンガパークがオープン（二〇〇二年）されるまで、新港埠頭は遺跡のような死んだ街だった。

そんななかで、この埠頭に光のあたった場面を私は二度、見ている。一つは、この四号岸壁からフルブライト留学生として海を渡るF君を見送ったとき。高島駅からだったと思うが臨港鉄道に乗り、横浜港駅まで行った。現在のみなとみらい21の汽車道を通ったわけだ。岸壁は身動きひとつできないほどの人ごみだった。そこから氷川丸の大きな船体を見上げたのを覚えている。

もう一つは、赤レンガ倉庫わきの引込線の所で、東海道新幹線（開通前）の車輌を見たときである。古色蒼然とした倉庫と「夢の超特急」との取り合わせも奇抜で、未来の港にいるような気分になった。のち調べてみると、鴨宮基地モデル線で一九六二年六月から試走した試験車だった。この基地は東海道線・鴨宮駅付近の鉄道用地にあった。戦前の「弾丸列車」プラン名残の土地だ。

試験車は日立製作所など五社で六輌が作製され、それぞれ道路、海上、鉄道を使ってモデル線に運ばれた。赤レンガわきの車輌は、製造地の港から船で新港埠頭へ入り陸揚げされたもの。ここから、試験車（仮台車つき）は臨港鉄道と東海道線を経て鴨宮へ搬入された。翌六三年三月三十日の試走で、時速二五六キロメートル（現在、東海道区間の最高二七〇キロメートル）を記録したという。六四年（昭和三十九）十月一日、新幹線は営業を開始する。

以上のように、戦後の寂しい新港埠頭で経験した二度とも、ここが陸とレールで結ばれていることを私は実感した。実は、これが新港の重要な特徴の一つなのだ。この埠頭は、我が国初の本格的近代港湾として誕生した。これで、横浜港は「日本の港」から「東洋の港」へ昇格したといわれている。

横浜の第一次築港で鉄桟橋（大桟橋）ができ、船舶は安全に横づけできるようにはなった。しかし、一つの桟橋ではとても貿易量の増大に応じられない。また、荷さばき場も桟橋形式では多くをとれない。これらを解消するため、十分な係船岸壁と水陸連絡網を備える埠頭が求め

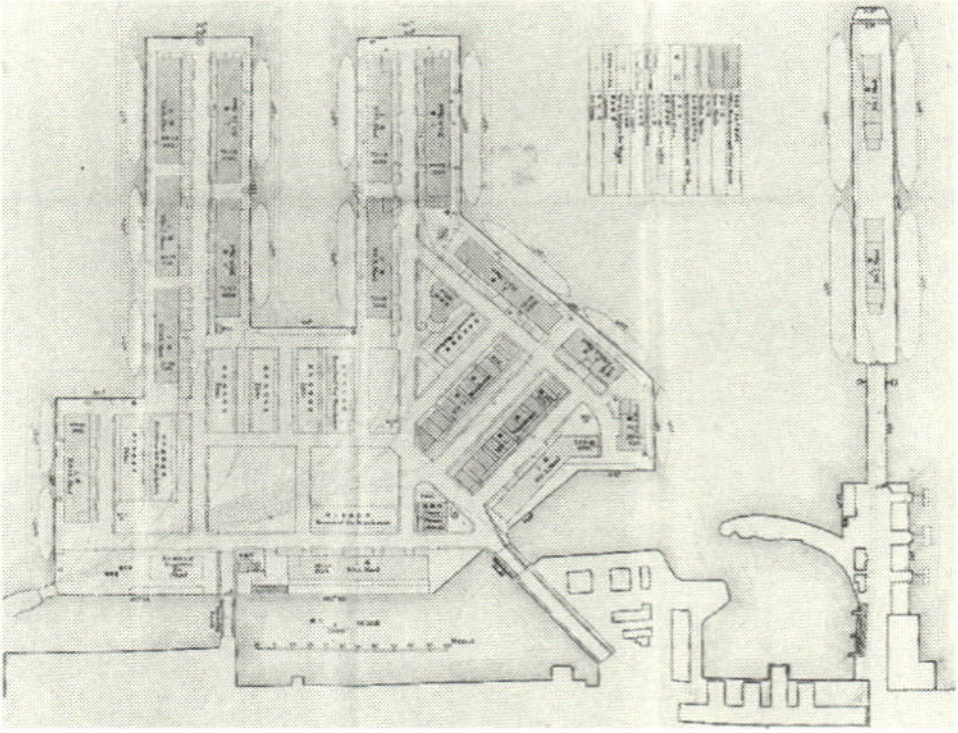
横浜税関新設備図　大正４年　横浜開港資料館蔵

られた。こうして、第二次築港が明治三十二年（一八九九）に着手され、十五か年を費やし大正三年（一九一四）に新港埠頭（一―一三号岸壁）が姿を現わす。

この埠頭は大規模な埋立造成によってつくられた。大型船も横づけ可能な一三バース（鉄桟橋は四バース）がとられている。また、陸上設備として各種クレーン・上屋・倉庫などのほか、鉄道も敷設された。こんな大規模な工事を大蔵省（税関）が行なったのだ。当時、官庁の土木工事は内務省の管轄。縄張りのきびしい官界では異例なことといえる。

人気のなかったレンガ倉庫

いま新港埠頭を知らない人でも「ハマの赤レンガ」の名は耳にしたことがあろう。この倉庫は、みなとみらいでも一、二を争う人気スポット。見ごたえのある建築だ。二号倉庫正面のレンガ壁（延長一四八メートル）は壮観の一語に尽きる。

一号・二号（甲号・乙号の名も）の両倉庫とも、レンガ造三階建てほぼ同形で建築された。二号が先に完成（明治四十四年）、一号は二年後（大正二年）になる。保税倉庫（外国貨物を保

（左）赤レンガ倉庫　1980年撮影
（右）妻木頼黄　『妻木頼黄と臨時建築局』（博物館明治村）から

管する特定の場所の一種）としてつくられたもの。設計は大蔵省臨時建築部（部長・妻木《つまき》頼黄《よりなか》）である。レンガ造であるが、帯鉄と鉄柱でレンガ壁を補強する耐震工法（妻木式の名あり）が用いられた。これにより十年後の関東大震災では、一部損壊（一号・三分の一崩壊、二号・壁面亀裂など）で生き延びた。復旧工事により一号は約二分の一の長さになったが、二号の方はほぼ当初の姿をとどめる。

　この倉庫は建築されたものの貨物が集まらず、あまり利用されなかった。ほどなく大震災に見舞われ、戦時中は軍需品の格納に、戦後は進駐軍に接収されるなど、保税倉庫としても埠頭の施設としても十分に機能しなかった。むしろ、現在が一番、この建物九十余年の歩みのなかでも、活況を呈しているように思う。

　この倉庫の建設された経緯をみると、当初計画では四棟建てることになっていた。それは、埠頭完成時の外国貨物を予測、これに対し現状で収容できない分の二〇パーセントを賄うとするプランによる。だがその後、民営倉庫の建設が目覚ましく二棟に縮小した。それでも入庫が少なかったので、税関では困惑したという。

臨時建築部技師として倉庫建設にかかわった丹羽鋤助《すきひこ》（帝大・土木、明治二十二年卒）の回想談〈『港湾』、一九四九年五—六月〉に次のようにある。

私が仕事をしている時分に三菱の豊川良平君が来訪せられたから倉庫が余り利用されないから困ると話した時、同氏は税関の新倉庫は時代に先だち少し早くやり過ぎたのだ、今出来た時は使はなくても十年先のことを思へば心配はいらぬと答へられた。

新しい倉庫ができても、これまでの荷役取引の慣行もあり、使用中の上屋や倉庫を変えるのは難しいという事情が、まずあったろう。

また、当時は貨物の出し入れの便や作業員の体力などから平屋建て倉庫が多く、二階建てはあっても上階の利用は稀だった。そういうなかで、こちらは三階建てである。それで、建築部では倉庫に設ける荷揚げ設備について関係者の意見を聞いたが、まとまらなかったとのこと。その意見とは、

エレベーターだけではいかん。横浜の荷物は担いで上るのが便利なものもあるから階段を付けてくれとか、荷物を卸すには滑板を造ってくれ、起重機も矢張りつけてくれ（後略）。

というもの。それで「試験的に総てを用意し使って」みることにした、と丹羽は語る。

もう一つ、入庫が少なかった理由に、一律の区画割りがあるのではないかと私は思う。倉庫内は、一層一〇区画、一区画七八坪（約二五〇平方メートル）を基準にしている。各層とも同一である。この七八坪は、保険業者の「これ以上は荷物によっては保険がつけられません」の

ひと言で決まった（丹羽）というからおもしろい。これは、当時の貨物補償額の上限・二〇万円からきているらしい。

今回の赤レンガ倉庫保存事業でも、壁などを抜く補強技術がみつからなければ、店舗施設やホールなどに転用する道はかなり制約されたろう、といわれている。レンガの目地にエポシキ樹脂を注入する新工法で、この建築は生き返ったのだ。

新港埠頭には、この最新倉庫のほか、イギリス製などのクレーンも二〇台（一九台電動、一台汽力）設置されたが、当初、これらも船内荷役に活用されなかったようだ。「電気起重機は音もなく急に降りてくるから危険」との労務者の声だった（丹羽）という。笑うに笑えない本当の話だ。

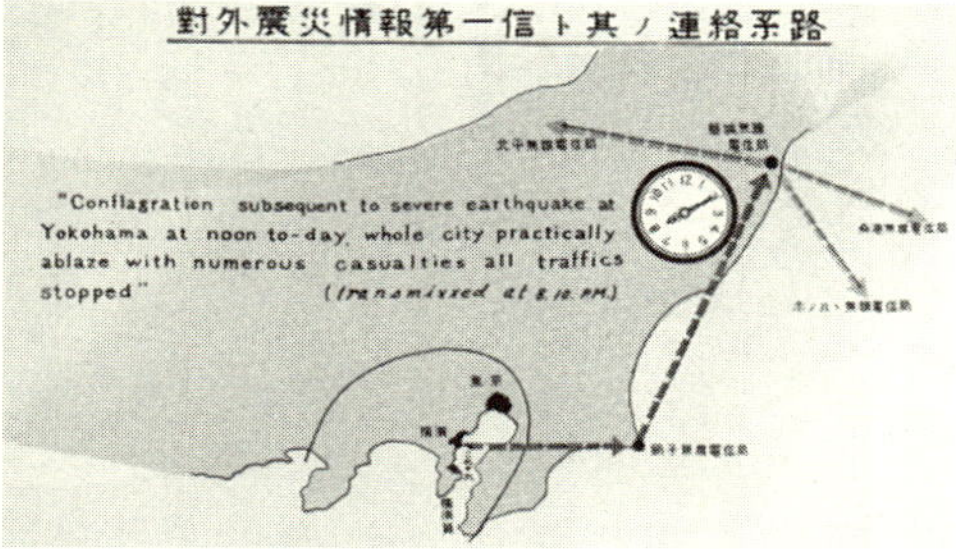
對外震災情報第一信ト其ノ連絡系路
"Conflagration subsequent to severe earthquake at Yokohama at noon to-day, whole city practically ablaze with numerous casualties all traffics stopped"
(Transmitted at 8.10 PM)

これや丸発、震災第一報ルート　『帝都復興事業大観』上（日本統計普及協会）から　横浜市中央図書館蔵

「地震後火災岸壁ニ近ヅク」

大正十二年（一九二三）九月一日の関東大地震の折、新港埠頭では、レンガ倉庫の被害は軽微だったが、岸壁はほとんどが陥没した。こうしたなかで、停泊中の各汽船は殺到する市民の救助に取り組み、極力、岸壁にとどまった。

そのとき（十一時五十八分）、六号岸壁で「ぱりい丸」（大阪

商船）が荷揚げ作業中だった。同船は岸壁が崩れるなかで一八〇〇余名を救助する。また、五号岸壁の「ろんどん丸」（同）は正午の出航を待っていた。同船は危険の迫るなか二〇〇〇余名を収容した。こうして、横浜港内全体では船舶に助けられた避難者は一万五〇〇〇人にも達する。のち、彼らは神戸や大阪などへ送られた。

そして、四号岸壁には「これや丸」（東洋汽船）が、翌日の出航をひかえ係留されていた。同船は市民救助（一〇八二名収容）のほかに、もう一つ要務を担った。震災後の無線基地の役割である。税関、港務・海事・警察各部の仮事務所が船内に置かれ、港の臨時司令塔になる。十三時十七分、同船発信の「横浜地震後火災岸壁ニ近ヅク」の震災第一報が地球を駆け回った（『帝都復興事業大観』上）。

なにしろ、地震発生後、外部からの情報は皆無だった。東京の様子も不明で、一日夜、横浜市は救援を求めて職員二名を東京市役所へ向かわせる。三日、神奈川県下に戒厳令が布告されたのを、知事も市長も知らなかった。横浜・東京間に無線連絡がついたのは六日十九時（銚子〈千葉〉、磐城《いわき》〈福島〉経由）のこと。

こういう状況のなかで「これや丸」無線局員の大活躍がはじまる。同船→銚子との交信で、銚子→東京の陸上電信が不通なのを知る。同船からの船上電信は、混信・雷鳴に妨げられながらも、中継局の力をかりて辛うじて通信可能だった。

先の震災第一報は「これや丸」→銚子無線電信局→磐城無線電信局→ホノルルおよびサンフ

ランシスコのルートを経て、全世界へ伝えられた。磐城局は一日二十時十分に発信（英文）する。その概要は、本日正午、横浜に大地震突発、全市ほぼ焼失、死者多数、全交通ストップ、というもの。米村嘉一郎同局長が苦心惨憺して英訳したという。のち、彼はサンフランシスコのラジオ局より感謝状と五〇〇ドルを贈られる（『関東大震災誌・神奈川編』）。

その日、「これや丸」より発した救援電信は和文一二通、欧文一通だった。警察部より港内各船船長あて、神奈川県より関西方面各府県知事・新聞社・海軍関係あてなどである。これらのうち、横須賀鎮守府あて電文を記す。

横浜市に本日正午大地震あり。引続き火災を起し、全市火の海と化し、死傷者の数何万なるを知らず。救護の要あり。御配慮を乞ふ。（『横浜市震災誌』四）

以上の無線電信の効果はすぐ現われた。翌二日、横須賀鎮守府の艦隊が入港、陸戦隊が上陸、水・食糧の供給をはじめる。この最初の救援を市民が歓喜して出迎えた。一方、大阪市では二日、二十万円支出を即決し、扇海丸とシカゴ丸に食糧などを満載して有田助役らが横浜へ向かった。

アメリカでは、サンフランシスコに一日午前（現地時間）日本の激震情報が伝えられ、ワシントンで一日の夕刊に掲載された。米海軍は、アジア艦隊に可能なかぎりの食糧を載せ日本へ急航を訓令する。これで五日、駆逐艦七隻が横浜に入港、外国からの救援第一号になる。また、マニラ陸軍部隊の野戦病院一式を日本へ輸送するよう命じた。これが十四日、横浜港外につく。

よく知られるテント病院で、横浜の新山下のほか、東京・築地の聖路加病院および麻布の高松宮邸内につくられ、救急医療に威力を発揮した。

アメリカ国内の義損金募集も活発に行なわれた。三日、C・クーリッジ大統領（第三十代）は教書で日本救出を宣言、赤十字社が「一分速くなれば一人救助さる」のスローガンで全米に募金を呼びかけた。これで、二週間に目標額五〇〇万ドルをオーバー、八〇〇万ドル（一六〇〇万円）が集められた。

このように一刻を争う災害救助に「これや丸」の地震第一報が大きく寄与した。横須賀艦隊の入港に絶望の市民は勇気づけられ、米国民が世界に先駆け、かつ大規模に行なった日本援助に、我が国民は深く感謝し、長く心に刻んだ。

元ドイツ水兵、八号岸壁へ

一九九一年（平成三）九月、みなとみらいはまだ寂しかった。オープンしていたのは横浜美術館（一九八九年）と横浜マリタイムミュージアム（同）、それに前月、完成したばかりのヨコハマ・グランド・インターコンチネンタル・ホテルぐらいで、その他は工事中という状況だった。このとき、元ドイツ海軍の兵士八人とその夫人三人が新港埠頭八号岸壁を訪れた。

元ドイツ水兵は、戦時中（昭和十七年十一月）、新港埠頭凹部で突然、爆発炎上したドイツ艦の乗組員である。この惨事で岸壁周辺は火の海と化し、死者・行方不明者一〇二名（うちドイツ人六一名）をだす。幸い一命を取り留めた一三〇名の兵士は艦を失ない、翌十八年四月から箱根芦之湯の松坂屋本店等に滞在、終戦後（昭和二十二年）帰国した。

来日は松坂屋の主人・松坂進さんの計らいで実現した。一行の予定は、まず箱根山で青年期の思い出にふけり、横浜では四十九年ぶりに事件現場に立ち、戦友の墓参り（日本の五十回忌）も果たそう、と盛りだくさんだった。

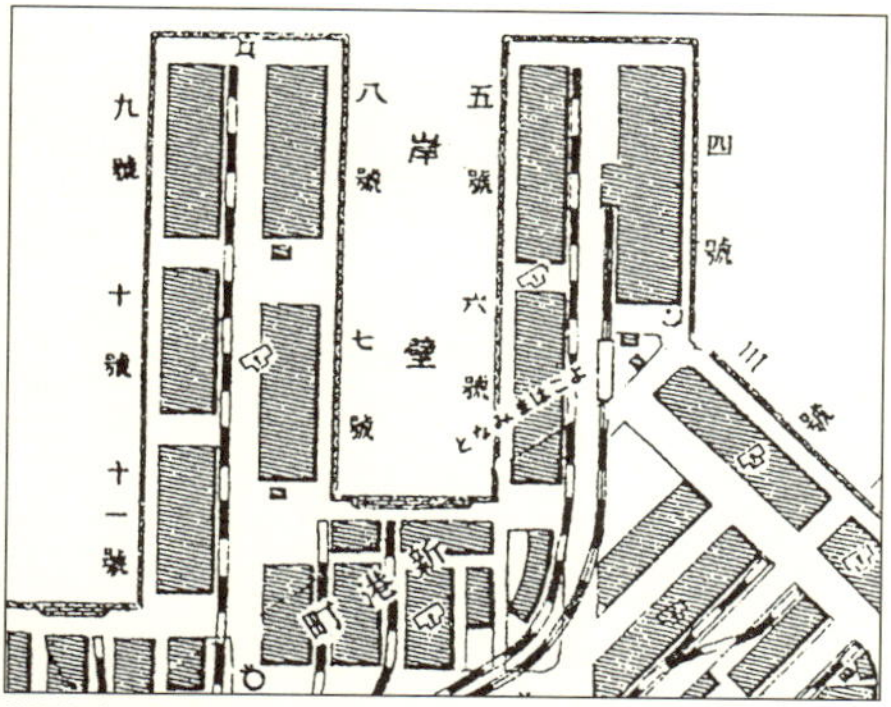

新港埠頭の凹部５－８岸壁　陸地測量部発行　一万分一地形図「横浜」（部分）昭和７年発行

この事件を目撃したハマっ子はかなりいたと思う。私は市の中央図書館で、関係の資料を机に広げていて、前の席にいた同年輩ぐらいの人から声をかけられた。その人は野毛近くに住んでいてこの事件を知ったとのこと。ただ、子供だったので何が起きたかわからなかったと話してくれた。また、私が知るNさんは、現在も住む所（西区西戸部）で、港からすごい黒煙が上ったのを見たという。当時、横浜商業学校の夜間部に通っていて、級友から船が爆発したと聞く。その友は昼、港湾で働いていたとのこと。

本事件は、同盟国ドイツの軍艦にかかわることでもあり、日本海軍は強い報道管制をひいた。『神奈川新聞』

（昭和十七年十二月一日付）も、「横浜港内で商船の火災」の見出しで三十日、火災発生の事実を述べ、「原因その他目下調査中」（横須賀鎮守府）、「死傷者若干名ある見込み（県警察部）」などとふれただけ。炎上したのも軍艦ではなく「商船」とある。記事はわずかに一六行。同じ紙面の「隣組の錬成大会」（二九行）にも及ばない扱い。

『神奈川県警察史』中巻（一九七二年）は、この事故調査について、すべて海軍が主導し警察は直接かかわらなかったと述べる。同書から事件の概要をみると、次のようである。埠頭凹部に独艦三、日本艦一計四隻がひしめいていた。すなわち、八号岸壁に独・輸送船ウッケル・マルク号とこれに横づけの独・仮装巡洋艦第十号、手前の七号岸壁に日・輸送船第三雲海丸、その向かい六号岸壁に独・輸送船ロイテン号である。

こういうなかで、八号岸壁のウッケル・マルク号が大音響とともに爆発、火だるまになったからたまらない。他の三隻も次々に炎上した。爆発は周囲の倉庫・上屋などを破壊し、破片が山下公園まで飛んだという。原因については、スパイ謀略説も取り沙汰されたが、何らかの火が「油槽内に発生していたガスに引火して爆発」との説が有力だったとある。火種は、作業時のスパーク、漏電、過失などによるものと考えられた。

事件のあらましは以上だが、この爆発時刻が正確に記述された資料が現存していた。横浜地方気象台に残る「地震観測原簿」である。現場から二キロメートル離れた横浜測候所が、爆発の振動を「地震」として記録していたのだ。それによると、震度IIが二回、Iが二回、〇が一回である。また時刻も一回目が一三時四六分四一秒〇、二回目が同四八分六秒九などとある。先の『警察史』には時刻は「午後一時四〇分ごろ」とだけ記されているが、実際は一四時二七分まで四〇分間にわたり五回、爆発があった（『神奈川の気象百年』、一九九六年）。

さて、来日した元ドイツ兵一行は、まず六日間を箱根で過ごし、九月三十日、横浜に入った。税関屋上から事件現場を指さし感慨にひたり、また周囲の変わりように驚きの声をあげる。そのはずで、仮装巡洋艦が事故当日の朝まで入渠していた横浜船渠は跡形もなく、そのドックに帆船日本丸が浮かぶ光景は彼らの想像を絶するものだったろう。悪夢の八号岸壁では、戦友の冥福を祈って花束を投げ入れた。爆発の原因にふれる人もいたが、総じて彼らの口は重かった。それから、山手と根岸の両外国人墓地を訪れ、異国に眠る戦友に献花、帰国の途につく。

先日、私は箱根芦之湯へ立ち寄った。いまから六十余年前、元ドイツ兵がつくった「阿字《あじ》ケ池」を、この目で確かめたかったからだ。池は松坂屋本店の目の前にあった。傍らの案内板に次のようにある。

第二次世界大戦中、芦之湯には同盟関係にあったドイツ軍部隊が駐屯しておりました。この池は空襲に備え、村の防火用水池とするため、ドイツ兵士の汗と奉仕によって掘られたものです。

かつてここは湿地帯で、鎌倉期には「芦《あし》の湖《うみ》」と呼ばれていたという。「阿字ケ池」はそんな湿原だった頃を彷彿させ、この湯治場に趣をそえていた。その形（楕円）がいい。周囲が現在も崩れてなく、ドイツ流の堅い仕事ぶりをうかがわせる。彼らは日中の疲れを芦之湯の硫黄泉で癒したことだろう。ここの源泉はとても豊かだ。私もここで一夜を過ごしたことがあるが、室内まで湯の香が満ちていて驚いたのを覚えている。

2　大土木工事を大蔵省の手で

二つの商業会議所

第二次築港に向け、いち早く取り組んだのは生糸商らの横浜商業会議所（会頭・原善三郎）である。第一次築港の完了した翌明治三十年（一八九七）、港湾調査会を発足させる。だが、その主導権を取ったのは外国人だった。すなわち、彼らの横浜居留地商業会議所である。

横浜商業会議所は、同年六月一日、市内の銀行、会社、団体などにあて、「商業海港としての横浜港を調査」することになったのでご意見をえたい、という旨の照会状を発送した（『横浜商工会議所百年史』）。依頼の内容が、ただ港の調査に見解を、と大まかなものだったこともあってか、日本人からの回答はあまり参考にならなかったらしい。同書に一つも記述がない。これに対し、居留地商業会議所からの返事は全文が掲載されている。

それは、同所会頭・ダブリュー・ピー・ウォーター手記（七月二十八日付）の書簡である。その前書きに「商業の発達を謀り、其取引を助長する為め」の方法について役員一同の討議により八項目を決定とある。その要点を次に記そう。

①「間断なく浚渫するを要す」

②「本港は一の有力なる港長を要す」

③「更に一桟橋を日本波止場を起点として敷設すべし」

④税関敷地を拡張し「税関倉庫を建設せば甚だ可ならん」

⑤港内の船舶の往来に「其発着点を指定し置きて艀を航通せしむべし」

⑥貨物運搬に「馬車鉄道其他の方法に由て税関と連絡せしむべし」

⑦将来の人口に備え「第二の貯水池」を計画せよ。

⑧広い道路が不足。日本町より三方面（東海道、戸塚、鎌倉）へ接続する道が必要。

彼らは、この照会に真剣に取り組み、船舶や貨物の動きをスムーズにする施策を具体的に提案した。港の施設についても、従来の船の発着（桟橋）だけでなく、貨物の貯蔵（倉庫）や運搬（鉄道・道路）といった点にも言及している。

つづいて、横浜商業会議所は前述の会社等へ再度、港の調査事項を送り意見聴取する。ウォーター手記を受けた二週間後（八月十一日）のことである。その「港湾ノ設計」には次の七項がならぶ。

港湾、桟橋、税関、倉庫、船渠及船繫場、荷上機（起重機）、内地交通機関（鉄道）

これらの一部の項に細目があげられ、たとえば「港湾」には「深浅如何（浚渫）」「艀航通ノコト」「港湾取締……(港ハ何レニ属スベキヤ)」などと。以上のように、この調査はウォーター手記提案と一致する点が多い。

こうして、横浜商業会議所は新しい港づくりを推進した。その後も、居留地商業会議所からは参考意見が寄せられた。これらの成果をもとに、横浜商業会議所は会頭名をもって次々と政府筋へ意見具申した。件名のみあげてみる。

①明治三十年八月六日、「鉄道貨物運輸ノ儀付建議」、農商務大臣ほかあて

②同年十二月九日、「鉄道貨物停滞ノ儀ニ付陳情」、総理大臣ほかあて

③同年十二月十日、「税関貨物停滞に関する具申」、横浜税関長あて

④翌三十一年五月十三日、「港湾修備ニ関スル建議」、総理大臣ほかあて

⑤同年五月十九日、④の「請願書」、貴族院、衆議院あて

以後も同会頭からの建議は継続して行なわれた。これらの要望活動に、政府のどの省が対応してくれたろうか。

新・前・元税関長

第二次の築港を求める横浜の声に、素早く応じたのは第一次工事を実施した内務省ではなく、横浜税関、すなわち大蔵省だった。

明治三十年(一八九七)十二月、横浜商業会議所より、税関貨物停滞の陳情(先の③)を受

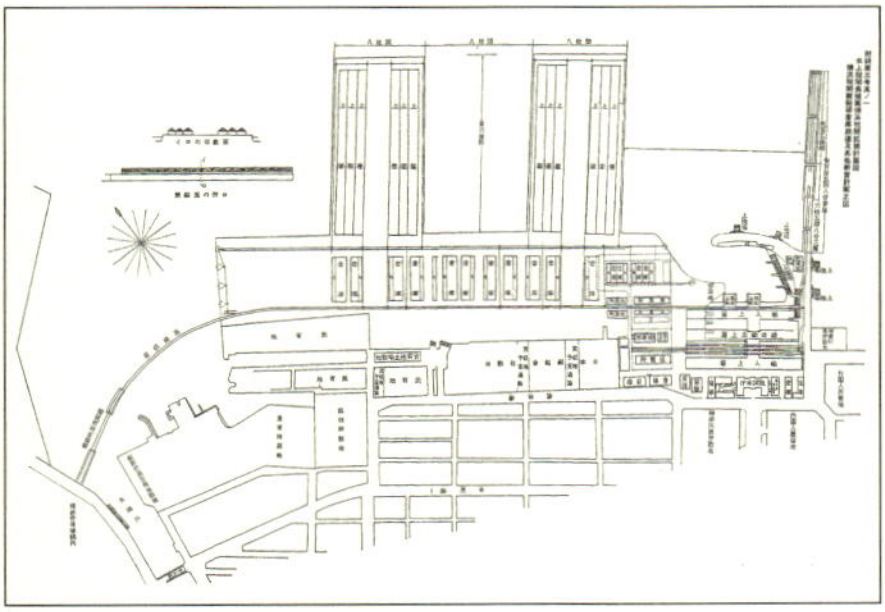

（左）水上税関長提案図　『横浜税関百二十年史』から、**（右）水上浩躬**『日本の歴代市長』２（歴代知事編纂会）から　横浜市中央図書館蔵

けたのは大越成徳税関長（第十代、明治二十七—三十一年在任）である。大越は早速、波止場改造案を作成する。その計画は、税関—大岡川河口間の沿岸を埋め立て、岸壁にハシケなどの荷揚場を設置、上屋・事務室を建築するというもの。工事費四〇万円として本省へ提出された（『横浜税関百二十年史』）。ほどなく大越は退任する。

三十一年三月、水上浩躬《ひろみ》が新税関長（第十一代、三十八年まで在任）に就く。前職は神戸税関長だった。大越の改造案は水上の手にゆだねられた。彼は着任してから七年余りにわたり、新港埠頭事業の舵《かじ》を取ることになる。

水上の対応もまた早い。ただちに井上馨蔵相に、前税関長の案を同年五月の臨時議会に提案してほしいと訴えた。これに井上は次のように指示したという。こんな姑息な改造はやめ、今後の横浜貿易の進展に対応できる大改造計画とし、各省協議のうえ貨物運搬の便もはかり、次期議会までに準備せよ。こうして水上のもとで作成されたのが、鉄桟橋付近から大岡川河口間の海面を埋め立てる計画で「水上税関長提案図」として残されている（同）。

この図を見ると、水上案が新港埠頭構想の下敷になったことがわかる。大規模埋立、大きな二本の突堤（幅八〇間＝一四五メートル）、岸壁に面する上屋、立ちならぶ倉庫群、停車場と結ばれた連絡鉄道などが計画されている。新港埠頭の突堤（幅六〇間）は当初計画では一本だったが、明治三十四年の設計変更で二本になり、水上案と類似した形になった。

井上蔵相のお墨付きをもらって立案されたとはいえ、水上案は当時としては一大プロジェクトだったろう。同図右端に書かれた鉄桟橋（幅一九メートル）と比べるとよくわかる。総事業費五〇〇〇万円というから、大越案の一二・五倍である。財政難の折、この予算獲得はかなり難しい。そのうえ内閣が交代（三十一年六月末）、水上案の生みの親ともいえる井上も退く。以後、水上とともに本プラン実現を目指したのは主税局長・目賀田《めがた》種太郎である。

目賀田は元横浜税関長（第九代、二十四―二十七年在任）だ。彼は若き日、アメリカ留学（明治七年、ハーバード大卒）の経験があり、海外事情に明るい。税関時代には第一次の築港にかかわる。近年の貿易進展から、横浜港改良の必要性を既に指摘していた。また、その頃（三十一年）、主税局では条約改正をひかえ、関税法（翌年三月、法律第六十一号として成立）などの制定作業が鋭意すすめられていた。彼は、将来の財源見通しについても言及できる立場にあった。

新任まもない松田正久蔵相に、水上、目賀田らは築港プランを提出した。水上は横浜港の実態や地元の要望をふまえ立案したことを説明したであろう。また目賀田は、将来の貿易量の増大に見合う「税関拡張と共に、海陸連結設備を施すの急務」(『男爵目賀田種太郎』)を主張したと思う。財源問題にもふれたにちがいない。蔵相は本計画に賛意を示したという。

こうして、三十一年九月に、仮設計(埋立二六ヘクタール、岸壁総延長一八〇〇メートル、バース数一〇、鉄道〈構内〉一万五〇〇〇メートルなど)がまとまる。まず海面埋立に着手することとし、その工費は三〇〇万円と見積もられた。予算要求の結果、二三四万余円が認められる。

これにより、横浜の第二次築港は、三十二年(一八九九)を初年度とする五か年継続事業としてスタートした。同年五月、大蔵省に臨時税関工事部が設置され、初代部長に目賀田主税局長が兼務で就き、土木課長(技術の責任者)に丹羽鋤彦技師が着任した。事業は巨費、長工期を要する大工事だけに難航、情勢の変化に立ちいかなくなる事態もあった。

思わぬ雑音を入れる人もいたらしい。着工まもない頃、工事反対を叫ぶ横浜商人が現われたという。水上が残した「八年記」によると、彼らの言い分はこうだ。

先年横浜港では防波堤を築設したため港内が小区域に限定され、船舶は大いに迷惑を被っている。(中略)このうえ税関拡張工事を行えば、港内をますます狭溢にし、船舶にも一層の迷惑を与える。(『横浜税関百二十年史』)

やり玉にあげられた防波堤(第一次築港)には、設計者の名から「パーマーロック」の悪名もあるとのこと。こんな誤解をとくため、水上らは懇談の席を設けたりして、事業のPRに努めた。これに目賀田は、「さきに神戸税関のために二〇余万円の予算を支出したときは、神戸市民から感謝状をもらった。今、横浜のために二三〇万円の支出を約束しながら、税関長は（中略）市民にへつらっている」と。

また、明治三十四年の設計変更（突堤を一本から二本へ）では追加予算は認められなかった。現予算内でのやりくり、工事変更による期間延長、日露戦争の勃発などにより、大幅な計画縮小に追いこまれる。結局、突堤一本築造（埋立約一六ヘクタール、岸壁延長九四〇メートル、バース数五）をもって、三十八年（一九〇五）十二月、一応の完成とする。

だが、埋立区域も予定の半分強の段階、倉庫、鉄道などの陸上施設は手つかずである。しかも、以後の工事は国事多難の折、無期延期にされた。

工事途中で中断、一部市の負担で再開

第二次の横浜築港工事は、日露開戦（明治三十七年二月）の影響をもろにかぶった。予算の配分がなくなったとき、目賀田部長は丹羽課長を次のように慰めたという（丹羽回想談）。

まあぼつぼつやって呉れ、戦後の経営に港湾問題が大切になってくるのは明瞭であるから、此暇のある間に将来の計画を樹てるつもりでやらぬといかぬ。

さすが目賀田らしい言葉だ。彼は開戦からほどなく(同年十月)、韓国財政顧問に転じる。後任

部長に若槻礼次郎主税局長が兼任で就く。

さて、新港の現場は工事途中で放置という事態になってしまい、水上は苦しい立場に立たされた。これが、横浜市の築港工費負担（三分の一）の申し出により、好転に向かう。市がそれを決断し、国が採用するまでの経緯を次に記す。

①「横浜市経営に関する建議」（三十八年七月四日付）が、横浜商業会議所会頭より市参事会・市長の市原盛宏《もりひろ》あてに提出された。その主旨は、市の発展に重要な港湾事業などに市も応分の負担をすべきである。このことは市原の持論（二年前の市長施政方針にあり）でもあり、市参事会で議決される。ただちにその旨は水上、井上（蔵相）ら政府側に伝えられた。また、市、会議所などにより港湾改良期成委員会（委員長市原市長）が結成される。

②「横浜港改良ノ件ニ付稟《りん》請」（同年九月十九日付）が、市長より大蔵大臣あてに出された。工事の速成を図って、市が三分の一出資を申し出たもの。これが、翌三十九年二月七日付、蔵相より市あて「命令書」（八一八万円のうち市負担二七〇万円）で決定される。

実は両文書提出前にひと幕あった。水上税関長が工事続行への願いをこめて行動している。二度ある。一つは、彼が三十八年一月、「謹告　横浜商業家諸君」（『横浜商業会議所月報』）と題して訴えたことだ。

岸壁は丸裸では何の功用も為し得ませぬ。（中略）上屋は第一に必要です。倉庫も入用です。（中略）時節柄は国家に是等の負担を為さしむることを許さぬのは、諸君の御承知の事

（中略）私は直接に利益を受くる者が其責任を負担するのが当然だと思ひます（『横浜商工会議所百年史』）。

そして水上は「半出来の築港」を完成させるためにご工夫を祈ると結ぶ。「利益を受くる者」すなわち横浜市側の費用負担を期待した。当時、商人たちの間では、港は政府がつくってくれるもの、と人任せ的な意向が強かったという。先の①の建議は、この「謹告」の六か月後に提出されており、「商業家」から税関長への答だった。

もう一つは、市の三分の一の負担の提案が省内にスムーズに受け入れられるように水上がしたことである。なんとしてもこの機を生かしたかったのだ。彼の「八年記」をみてみよう。

八月中〔明治三十八年〕陸上設備工事準備ヲ議スル為メ工事部ニ集会セシハ部長若槻、副長高田、技師妻木、丹羽（中略）及予ニシテ其際対市委員態度ニ付論議スル（後略）

市委員ヨリ工事ニ対シ出費ヲ為スノ交渉アルトキハ左ノ条件ヲ以テ之ニ応スル事

一　略

二　工事ノ或ル部分ノミヲ市ニテ遂行セントスル企図ハ之ヲ拒絶スル事（後略）

三　工事ノ全体ニ対シ市費ヲ投セントスル時ハ総工費ノ三分ノ一以上ナレハ之ヲ許シ（後略）

予ハ以上ノ議論ハ（中略）将来市委員ノ企図ト政府ノ企図ト衝突離反ヲ生スルノ虞《おそれ》勿《なか》ラン事ヲ希望シ市長（市原盛宏）ノ意向ヲモ叩キシニ第三ノ条件ナレハ調和ノ望アルヲ発見シ

（中略）多少ノ望ヲ懐《いだ》ケリ。（『横浜税関百二十年史』）

この集会後（九月一日）、若槻は市長らの期成委員会に招かれ、港の経営問題について協議している。これに、水上、高田、妻木、丹羽もそろって出席する。すなわち、工事部の集会は期成委員会との協議の事前打ち合わせとして、水上がセットしたものと考えられる。横浜貿易新報（明治三十八年九月三日付）によると、期成委員会側に若槻は、「個人としては二、三の案なきにあらずとて其の腹案を示し」とある。

そして先の稟請②（九月十九日）が出される。すべて水上の筋書どおりだ。その八日後（二十七日）に彼は横浜税関長を退き、十月二十七日、神戸市長に就任する。神戸築港（第一期工事、四十年着工）も横浜方式の三分の一市負担で、大蔵省の手により行なわれた。神戸では水上に「港湾市長」の名がある。

完成に十五か年

第二次築港事業の復活が決定され、明治三十九年（一九〇六）、工事が再開された。海面埋立造成は四十四年に終え、上屋・倉庫・鉄道などの陸上設備は大正三年（一九一四）に竣工する。三十二年（一八九九）緒についた新港埠頭築造はここに成った。このほか、第一次築港でつくられた鉄桟橋の拡幅（一九→四一・八メートル）なども行なわれ、第二次築港の全工事が完成するのは大正六年になる。

十五か年を費やし姿を現わした新港埠頭の概況は次のとおり。埋立地二三ヘクタール、岸壁総延長一七三〇メートル、バース数一三、上屋一四棟、レンガ倉庫二棟、クレーン荷役用二〇台、列車用鉄道一万四九〇七メートル（幹線〈停車場—右突堤・税関〉および支線）などである。

明治四十二年から順次供用開始された。だが、当初は岸壁に船舶をつけるのを船長が嫌がり、税関は苦労したという。桟橋ならぶつかっても桟橋が壊れてくれるが、岸壁では船の方が壊れるとの話だった。当時、パイロット（水先案内人）がいなかったこともあった。それで、パイロットを配置することにし、ようやく独船「ゲーベン号」が岸壁横づけ第一号になる（丹羽回想談）。

3　縄張りより築港にかけた男

前内務省技監・古市公威

この本格的近代港湾の基本計画は古市公威《きみたけ》による。彼は明治十三年（一八八〇）、パリ大学を卒業して帰朝、内務省土木局に入る。十九年からは工科大学教授も兼務、多くの人材を養成した。内務省では、二十三年に土木局長、二十七年には土木技監へ登りつめた。そして、三十一年（一八九八）七月十九日、これらの要職をすべて辞す。古市、四十三歳のとき。これが大蔵省による土木工事実施に幸いする。

三十一年に新港埠頭の仮設計がまとめられ、第二次築港が正式に動き出したことを前述した。その設計作成までの日時を整理すると次のようになる。

①三月　水上、横浜税関長に就任。井上蔵相指示の大プラン立案へ。
②六月末　蔵相、井上から松田に代わる。
③七月頃　松田、水上案に賛意を示す。
④九月　仮設計作成される。

実はこの③と④の間に「八月九日　大蔵省、古市に横浜税関拡張計画を嘱託」の一項が入らなければならない。すなわち、仮設計は古市の手により急拠（予算要求に間に合わせるため）作成されたもの。同省が彼に依頼することにしたのは、土木界のドンであるのは勿論だが、前月、すべての職を離れ自由の身だったときだからである。この古市の引きだし成功が、同省による新港埠頭工事が実現した一つのキーと私は考える。

古市公威　『古市公威』（故古市男爵記念事業会）から　横浜市中央図書館蔵

先の丹羽回想談に、大蔵省が古市に頼んだいきさつが次のようにある。

> 限ある港内を埋立て狭くするのだから、今度造る埋立地の岸には大船が横付けになれるような計画をすることになったが斯かる係船岸壁や其の陸上設備の

計画は日本では最初の目論見であり慎重設計を要するから、当時内務技監を辞められて閑《ひま》でおられた古市公威博士に頼んだが、よかろうと（後略）。

この話に、古市は「日本に於ける商港改良の一紀元たるべし」と快諾したという。が、もし内務省の現職時だったら、少なからずためらいがあったろう。当時、築港は土木工事のなかでもまだ経験の浅い分野で、技術的にも難しいとされていた。本工事に必須の水中作業も、潜水夫を養成しながら行なわねばならない。しかも、この事業は日本を代表する港湾修築を目指すもの。それは紛れもなく国土建設を使命とする内務省の所管だ。

いま以上の明治の官庁セクトから考えると、大蔵省が行なう土木工事に、内務省側に抵抗が無かったとはとても思えない。このことについても、古市は心くばりを忘れなかった。次にそれをみてみよう。

「所管争いをやるべきものでない」

丹羽鋤彦は税関工事部に移る前、内務省土木監督署技師として大阪（第五区）に勤務していた。彼は、大蔵省に代わることになったいきさつを次のように語る。

署長の沖野忠雄博士に呼ばれて、今度横浜でこういう工事をするから、古市博士と協議の上お前を大蔵省にやることにしたから引受けてやれ……仕事が済んだら内務省に帰って来い。（丹羽回想談）

こうして丹羽は上京、古市を訪ねる。このとき、税関工事に携わる心構えを古市より訓示される。その内容は『古市公威』に記述されているのがよく知られる。ここでは、訓示の受手、丹羽の言葉で紹介してみよう。

これは本当は内務省でやるべき筋合のものだが、今は治水の方で手一杯だから、港などはいつ手をつけ得るか判らない。幸に大蔵省で外国貿易の為の緊急必要ありとする港湾設備に対し、内務省とか大蔵省とか所管争いをやるべきものでない。一日も早く施行するが肝要（後略）。（同）

縄張りより、我が国初の近代港湾実現にかけたのである。彼の達見がなかったら、この埠頭もあのレンガ倉庫もどうなっていたことか。財政難の折りだから、ゴタゴタしているうちに築港の話が振り出しにもどってしまったかも知れない。

神戸築港に波及

水上横浜税関長が築港工事継続のレールを敷いた直後、神戸市長に就任（明治三十八年十月）したことは前述した。当時、神戸でも港の改良を目指して運動していた。市民の水上への期待は大きく、彼もそれを自らの使命にした。こうして、神戸でも横浜につづいて、大蔵省による築港実施の気運がかもしだされた。その推進に、阪谷芳郎（蔵相）—若槻礼二郎（大蔵次官）—水上浩躬（神戸市長）ラインが力になる。

神戸港修築は、横浜の第一次築港が完成した明治二十九年に具体的に動き出す。同年七月、市会が築港調査費を可決、これにこたえ内務省は土木監督署（大阪）の沖野忠雄にその調査立案を命じた。これにより三十一年（一八九八）、沖野案がまとまる。これが神戸初の本格的築港プランである。これを拡大した案が市より政府に提出されたが採用されなかった。

一方、大蔵省側は日常の貿易業務から、神戸税関の改善をはかる必要に迫られていた。その対策として、臨時税関工事部で応急的な丹羽案が作成された（三十五年）。同案は、その後の日露戦争勃発などにより一時頓挫するが、三十九年（一九〇六）、この工事が着手される。が、これはあくまで緊急措置、神戸市はより大規模な築港を目指していた。

こういう状況のなかに水上市長は登場した。水上は、十年後の貨物取扱量を推定、これに対応できる築港計画を打ちだす。これに呼応して大蔵省も一案を提示する。以後、神戸市と同省は相携えて大蔵案を推進することになった。その早期実現には、市側が横浜方式の費用負担に応ずることが前提になる。

以上の神戸築港への取組が、一挙に浮上したのは阪谷蔵相の同市入り（三十九年九月十六日）だった。阪谷は演説で、神戸港修築の大構想を発表する。貨物取扱を現在の約二倍四〇〇万トンと見込み、これをまかなう突堤、桟橋、上屋などの整備費に約三〇〇〇万円の予算が必要になるとし、「その当否を決定するのは職権上自分のなすべきこと」などと強い自信を示した（『神戸開港百年史』建設編）。市側は、この阪谷声明を築港実現の好機ととらえ、ただちに既定費を除く三分の一負担（九〇〇万円）を決定する。

かくして、神戸築港は横浜港と同様、大蔵省ペースで進んでいった。有力閣僚の力強い発言をえて、市民は今度こそ宿願達成と思ったにちがいない。だが、この阪谷の強弁が後日、政府内で物議をかもし、あらぬ展開へ。次にそれにふれよう。

内務省の巻き返し

明治三十九年九月、阪谷蔵相が神戸入りしたときは丁度、来年度の予算要求期である。四十年度予算は、日露戦争後で意気あがる軍や戦時中に執行を押さえられていた各省からの要求で膨れ上がる。結局、神戸築港費も総額計上とはいかず、予算案に第一期分として一三〇〇余万円が組み込まれた。が、来年度予算を審議する閣議で港湾の所管問題（内務省対大蔵省）が提起されたのである。ときの内相は原 敬《たかし》だった。その閣議（同年十二月四日）のことを、彼は日記（五日）に書いている。

昨日閣議にて神戸港改良費千三百万円余大蔵省所管に出ありしが、此事に関しては去九月阪谷が突然神戸にて発表演説せしも、閣議も港湾調査会も内務省も兵庫県知事も皆な全く之が相談を受けたる事なきに因り余大に阪谷を詰りたり……監督官庁を出し抜きたる仕打なり（後略）。（原奎一郎『原敬日記』2）

政府内の意志統一のないまま、阪谷はあんな強気の発言をしたらしい。これでは「出し抜き」

といわれても止むをえない。原は、内務省をないがしろにされた憤懣を一気に吐き出したのだ。彼のいう港湾調査会（会長、内相）とは、全国の港湾に関する重要案件を審議する機関である。同会は明治三十六年に廃止されたが、三十九年六月に復活されていた。内務省が港湾行政への地歩を着々と固めていたのである。

遅ればせながら、神戸築港の件は先の閣議から一週間後（十二月十一日）の港湾調査会に諮られる。その会議のことも原は記している。

神戸港改良の必要は何人も認むる所にして、又専断にも閣僚の一人たる阪谷蔵相が神戸に於て公言したるものにて（中略）成るべく之を成立せしめんと欲して、後れたれども兵庫県知事の意見も徴し（中略）之を可決したり（後略）。（同）

本件は先の閣議で予算が認められており、既成事実として調査会も追認したわけである。この取扱いに阪谷が謝辞を申し出たという。実は、若槻（大蔵次官）が裏で動いていた。彼の『回顧録』に「原敬との交渉」の一文がある。前から原を知っていたので「一ぺん横に頭を振ったら」どうにもならない原に会いに行くことになった、とある。また、目賀田主税局長の後任で所管した横浜築港を「税関の工事という名目」で行なったものと述べる。

そして、内務省側の言い分が原の歯に衣着せぬ言葉で、次のように書かれる。

港湾行政はおれの方の所管だ。大蔵省が生意気に手を出すのはけしからん。横浜の築港が第一気に入らん。神戸の方にまで手を出すとは最も気に入らん。

いよいよ、若槻が本題に入るとご機嫌ななめで、「神戸の築港とはいわず大蔵省が、税関工事をやるというのだから表面」上は反対できないという。神戸市が工事費を出す根拠についても、ふたりで法律か省令かでもむ。結局、原のいう省令でやることにして「内務省は同意したということになった」とある。

一港に二省より予算要求

明治四十年（一九〇七）、神戸港の第一期修築工事はなんとか大蔵省事業として着工にこぎつけた。が、その決定の過程はみてきたように内務省ペースといっていい。以後も同省は港湾行政への地歩を固め、その主管の座に返り咲くのは時間の問題だった。

同年六月、港湾調査会は同会官制（勅令第二四三号）第一条により次のように規定された。「内務大臣ノ監督ニ属シ港湾ニ関スル制度、計画、設備其他重要ナル事項ヲ調査審議ス」。また調査会は十月、「重要港湾ノ選定及施設ノ方針ニ関スル件」を可決する。これは各地の港湾のなかから十四港を選定、それぞれの経営主体、費用負担の原則などを定めたものである。これで、内務省による全国港湾の指導体制は確立された。

ついに、大正七年（一九一八）十月三十日の閣議に、内相（床次《とこなみ》竹二郎）から「港湾経営ヲ内務省ニ於テ統一施行スルノ件」が提議される。これに蔵相（高橋是清）が賛成、本件は決定された。大蔵省の事務当局は大臣からこの報告を受け、突然のことでとても困ったらしい。やむをえないので陸上設備だけは大蔵省に残すことにし決着をつけたという（丹羽回想談）。

この提議の背景には、長年にわたる内務・大蔵両省の争いがあったのはいうまでもない。だが、一挙に閣議の場に持ち出されたのには理由があった。あまり知られていないことだが、大正八年度の予算要求に両省から別々に神戸築港費が提出されたのである。

すなわち、大蔵省事業が主に外国貿易用だったので、内務省が内国航路用の修築費を要求したのだ。当時、大蔵技師として神戸港を担当していた高西敬義（京都帝大・土木、明治四十年卒）の懐旧記〈『港湾』、一九四九年四月〉に、一つの港に二つの省から予算要求があり「各省不統一が問題に」とある。この機に内務省が一気呵成、閣議に統一施行を提議したという訳だ。

ちなみに、ときの総理は原敬だった。

こうして、横浜築港第二次工事以来の所管問題は内務省に統一され、大正八年度から実施された。同省の港湾行政は、のち省庁再編により運輸通信省（一九四三年）、運輸省（一九四五年）、さらに国土交通省（二〇〇一年）に移された。が、その基本的体制は変わることなく現在まで八十余年つづいている。

日本初の係船岸壁埠頭建設の夢を託してスタートした大蔵省の築港工事は、二十か年で終止符が打たれた。

第七章
「横浜市歌」
なぜ鷗外が作詞することになったか

桟橋と人力車　明治末期　バンド（海岸通り）から見た桟橋。バンドは松の並木道だった。

1 〝横浜港歌〟の不思議

「港」と「横浜市歌」

旅先で「絵になる景色」に出会い、あわててカメラを取りだした経験をもつ人は多いだろう。これに倣って「歌になる街」といえば、まず上位にランクされるのは港町にちがいない。なかにし礼《れい》さんの『長崎ぶらぶら節』も、長崎学の古賀十二郎《じゅうじろう》と芸者・愛八《あいはち》による長崎もの歌謡の収集物語だ。私たちの港町にも、横浜を舞台にした多くの歌がある。

かつて市の広報課が「横浜をイメージした」歌など四三〇曲を集め、「〈横浜の歌〉一覧表」として発表したことがある（『市民グラフ　ヨコハマ』七七号、一九九一年）。戦前の歌を拾ってみると「青い目の人形」、「赤い靴」、「かもめの水平さん」、「別れのブルース」などがならぶ。

また、同誌の三六号（一九八一年）には、「ミナトの歌」という一文が掲載されている。このなかで、港自身を歌ったものは少ないが、として、「小学校唱歌の〈港〉や、横浜市歌はむしろ歌詞からすると〝横浜港歌〟ともいうべき内容をもっており」と述べる。

たしかに、港の歌は人びとの別れや出会いの舞台として登場することが多く、港そのものの歌はあまりみられない。記事にあるように「港」と「横浜市歌」は、当時の港の姿をよく伝えている少ない例といえる。

さて、ここに名のあがった二つの港の歌だが、その誕生にわからない点がある。まず、明治二十九年（一八九六）に世に出た「港」（旗野十一郎作詞、吉田信太作曲）は、〝横浜港歌〟と紹介されているが、歌の舞台は横浜だろうか。歌詞からも疑問に思う光景がある（後述）。一方、明治四十二年（一九〇九）に制定された「横浜市歌」（森林太郎〈鷗外〉作詞、南能衛《よしえ》作曲）は、文豪・鷗外がこの詞にかかわった事情がかねてから不明のままだ。

「港」は〝横浜港歌〟か

「港」は、『新編教育唱歌集（三）』（教育音楽講習会編、明治二十九年五月）により発表された。本歌集の発行と、横浜築港第一次工事完成とはまったく同年月である。まず歌詞を記してみよう。

一　空も港も夜ははれて、
　　月に数ます船のかげ。
　　端艇《はしけ》のかよいにぎやかに、
　　よせくる波も黄金なり。

二　林なしたる檣《ほばしら》に
　　花と見まごう船旗章《ふなじるし》。
　　積荷の歌のにぎわいて、
　　港はいつも春なれや。

（『日本唱歌集』、岩波文庫）

この歌は三拍子の名曲として知られ、堀内敬三さんが明治唱歌のベストテンに入れている。歌詞に目をとおし思いだした人もいるだろう。

さて、「港」の舞台はどこか。この曲を〝横浜港歌〟と記した先の横浜市広報誌には、「このころ港としての形が整いはじめた横浜港がモデルになっている」とある。港の工事竣工と同時に世に知られた歌だったせいか、多くの図書で同様の記述がみられる。いくつかあげてみよう。

＊『神奈川県史』通史編四、一九八〇年

唱歌集に、「新しい歌が、かず多く採用された。そのなかの一つが、横浜をうたった〈港〉である」

＊『図説・横浜の歴史』、一九八九年

二番は、仲仕らが「活躍していた当時の横浜港のありさまが目に浮かぶよう」

＊『原三溪物語』、二〇〇三年

唱歌「港」は、「横浜港のにぎわいをさわやかに歌い上げた」

実はこの歌については、以前から一部に宇品港（現在の広島港）を歌ったものという説があった。私も、「港」は横浜港がモデルではないように考える。

歌の舞台にはとかく諸説があり、人びとの関心も高い。少し脇道にそれるが、ささやかな私の経験を述べよう。平野愛子さんが「あなたと二人で来た丘は……」と歌った「港が見える丘」（作詞・作曲、東辰三、一九四七年）の歌碑が、一九九九年、「オカコーエン」の名で知られる「港の見える丘公園」に建てられた。その碑に次のようにある。

この港の見える丘公園が歌の舞台であったかについては、様々な説がありますが、この歌が広く横浜市民に親しまれていたこともあって、多くの市民の共感を得て、横浜市が「港の見える丘公園」と命名したものです。

ここにもあるように、歌の舞台は各説があり特定できないといわれている。碑ができた頃、丁度、執筆していた原稿『ヨコハマ公園物語』にこの歌碑のことを紹介した。出版されてほどなく、一通の小包が手もとに送られてきた。植村達男さんという未知の方からである。なかに植村氏の『神戸の本棚』という随筆集が入っていた。それに、「港が見える丘」の神戸説が次のように書かれてあった。

東辰三とほぼ同時期に神戸高商に在籍していた古林喜楽（元神戸大学学長）によると、「港が見える丘」は横浜ではなく神戸であるという。当時、神戸高商は上筒井（神戸市葺合区）にあり、ミナト神戸を望んでいたというのだ。

元高商があった場所を地図でさがすと、現在のポートアイランドに面する六甲山系の摩耶山麓である。横浜の「オカコーエン」に劣らず展望がききそうだ。本説が歌の舞台の確証になるとは思えないが、打てば響くようにお便りをいただき、とてもうれしかった。

なお、「港の見える丘公園」というあか抜けした名称は、碑にもあるように横浜市役所が命名した。が、この場所は地元の人たちが、公園ができる以前から「港の見える丘」と呼んでいた名所のような所だった。公園の名づけ親は実質的には市民といえそうだ。

唱歌「港」の話にもどす。この歌が発表される二年前に鉄桟橋ができている。このことは第三章などで述べたように、横浜港にとって開港以来の快挙だった。工事中の防波堤も姿を現わしてきていたはず。が、「港」の歌詞からはそのような一新された光景が見えてこない。貿易船が横づけできるようになった姿はふれられず、「端艇のかよいにぎやか」（一番）と従来のハシケ全盛時代のような港がつづられている。また、二番の「花と見まごう船旗章」からは、色とりどりの大漁旗はためく漁港も想起される。

さらに、一番の「夜ははれて……端艇のかよい」に首をかしげる専門書（『横浜港修築史』）もある。横浜港で夜間、ハシケ荷役が行なわれていただろうか、という。

「宇品港をイメージして」

以上のように、「港」の横浜説にはいくつか疑問の点がある。説の根拠もはっきりしない。前述の市広報誌の「作曲者の吉田信太は横浜の神中（現希望ヶ丘高校）の先生」という記述に、若干、横浜との縁が感じられるくらいである。

それで吉田先生（東京音楽学校、明治二十八年卒）を調べてみた。彼は宮城県の出身で、神奈川県立第一横浜中学校（神中）の音楽教師をしていたのは大正五年から昭和十年代である。「港」が世に出てから二十年以上も後のことだ。先生は「三拍子」のニックネームで親しまれていたという。そのアダ名からも「港」が教材の一つに使われていたのはまずまちがいない。当然、歌の舞台が地元であれば、教室でそのことにふれていただろう。だが、当時の先生や生徒の回想記などにも、吉田先生が「港」の作曲者であることを述べている人は何人もいるが、曲と横浜港とのゆかりについて語っている人は皆無である（『神中・神高・希望ヶ丘高校八十周年記念誌』、『同百年史』等）。

実は、吉田は横浜に来る前、「広島音楽会の草分け」的存在だった（『音楽家人名事典』）。明治後期のほぼ十年、広島高等師範教授をつとめ、地元の音楽界をリードした。明治期、吉田は横浜より広島にゆかりがある。なお、「港」を作詞した旗野十一郎は新潟県北蒲原郡（現阿賀野市）の出で、当時は東京音楽学校講師（文学）だった。唱歌「川中島」（明治二十九年）も彼の作詞（作曲は小山作之助）。残念ながら、広島や横浜とのかかわりはわからない。

さて、歌の横浜説と吉田先生との縁もうすいことがわかったので、私は宇品説を検討してみることにした。「港」の歌碑も宇品港（広島港）の海岸に建てられている（一九七五年）。この碑建立は、埠頭近くの酒場で老船員が「港」を口ずさみながら、「この歌は宇品港を歌ったものだ」と話していたのが、そもそものきっかけという。当時の宮沢弘知事（港湾管理者）が碑に「港」の字を揮毫した（『中国新聞』同年七月二十二付）。

そして、宇品説の根拠を追って、横浜市中央図書館および広島県立図書館の協力により資料収集を行なった。その結果、次の三点が見つかる。

①『日本地名大事典』2（初版一九六八年）

「うじな」の項に、宇品港は「文部省唱歌〈港〉の題材となったところ」とある。

②空辰男著『加害基地宇品』（一九九四年）
「港」について、古老らは「宇品港を歌ったものだと昔学校で習った」といっている、と記述。
③『広島県立図書館友の会ニュース』二八号（二〇〇三年九月）
三浦精子「百年歌い継がれてきた唱歌〈港〉」のなかで、吉田信太と親しかった渡辺弥蔵《やぞう》の談話が次のように紹介されている。

広島の音楽界をリードしたその彼〈渡辺〉が、昭和四〇年ごろ、NHK広島放送局のテレビに出演して、「港」は、宇品港をイメージして作られた、と発言した。

これらのうち、最新の資料③に注目している。渡辺は、吉田と同じく東北の出身で、吉田の招きで盛岡中学教諭から広島県師範に移る。広島に明治末から終戦まで、音楽振興に貢献した丁未《ていみ》音楽会という団体があった。これは吉田が明治四十年（丁未《ひのとひつじ》）に結成したもの。彼が広島を去ったのち、渡辺らの手によりこの会は守り育てられた。このようなふたりの強い絆を考えると、渡辺の証言には重みがある。

以上の調べから、唱歌「港」は、吉田が宇品港（広島港）の印象を心に浮かべ作曲したと考えられる。旗野がどこの港をモデルにして作詞したかは、依然わからない。が、この歌の舞台には、横浜より宇品の方がふさわしいといえよう。それにしても、目につくほとんどの図書が一様に、「港」を横浜の歌としているのは不思議なことである。

2　では「横浜市歌」の謎は

いまから半世紀前、私が横浜市役所に入った頃、「横浜市歌」は式典や会合でよく歌われていた。プライベートの場でも耳にし、まるで職員の愛唱歌のようだった。それまでこの歌と縁のなかった私はとてもとまどったのを覚えてる。最近は新年や開港記念の集い等のほかはあまり歌われてないらしい。同じ市歌でも、ハマっ子ミュージシャンの中村裕介さん作曲によるブルース調市歌が街で人気という。

開港五十年祭

先にふれたように、市歌は海や港をよく詠み込んでいる。まず、「わが日の本は島国よ　朝日かがよう海に」と歌い出し、二番で「されば港の数多かれど　この横浜にまさるあらめや」と港を紹介、三番で「今はもも舟もも千舟　泊るところぞ見よや」と胸を張る。

横浜生まれの平野威馬雄（仏文学者）は市歌誕生のとき小学生だった。受持の先生から「きょうは夏休みなのに、みなさんにきてもらったが、それにはわけがあるのだ。（中略）東京のえらい学者の先生がヨコハマ市の歌をこしらえてくだすった」と教えられたとのこと。早速、平野君らは三番をもじって「今は桃食って腹下し、とまるところをみよや」と歌った、と思い出を語る（『横浜今昔』）。

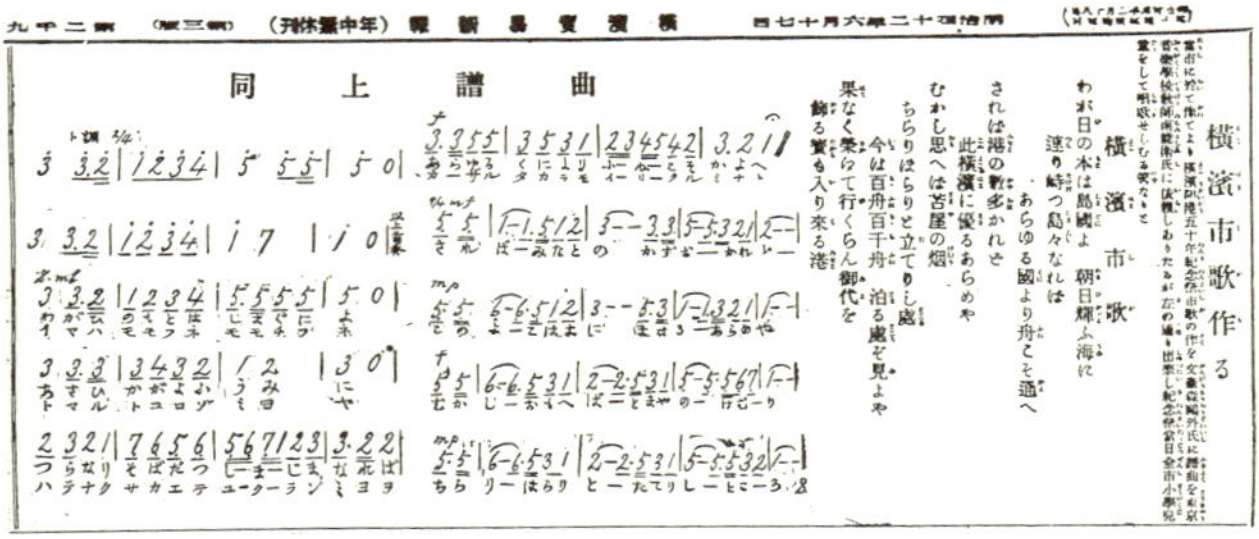
明治四十二年六月十七日　横濱貿易新報（年中無休刊）（第三面）

横濱市歌作る

當市に於て催すべき横濱開港五十年紀念祭市歌の作を文豪森鷗外氏に囑し曲を東京音樂學校教師南能衛氏に依囑しありたるが左の通り出來し紀念祭當日全市小學兒童をして唱歌せしむる筈なりと

横濱市歌

わが日の本は島國よ　朝日輝ふ海に
連り峙つ島々なれば
あらゆる國より舟こそ通へ
されば港の數多かれど
此横濱に優るあらめや
むかし思へば苫屋の烟
ちらりほらりと立てりし處
今は百舟百千舟　泊る處ぞ見よや
果なく榮えて行くらん御代を
飾る寶も入り來る港

同上譜曲

公表された「横浜市歌」『横浜貿易新報』（明治42年６月17日付）

平野少年が学校でこの市歌の説明を受けた夏休みは明治四十二年（一九〇九）である。この年は横浜開港五十年にあたり、その記念祭（七月一日、当時の記念日は西暦）で市歌が披露された。「東京のえらい学者」はいうまでもなく森鷗外である。記念祭で市歌を発表するとき、小学生に歌わせることになり、全児童が呼びだされ特訓を受けたのだ。

こうして市歌は誕生したのだが、その経緯がよくわからない。この記念日のとき、いま使われているハマの字の徽章もつくられている（六月五日告示）。こちらの方はそのいきさつが、あの明快なデザイン（有賀初吉文書課長案）のようにはっきりしている。

すなわち、記念祭準備の専務委員会（同年六月二日）の席上、来栖壮兵衛委員（横浜船渠会社専務）より、東京や大阪などの都市には徽章があるのに横浜にはなく制定を、という緊急動議が採用された、と『横浜開港五十年紀念帖』にある。たしかに、東京市では明治二十二年に「非常失火の際識別の便に供す」ためとして臨時的に市紋章を定め、そのまま現在も都の紋章になっている。また、大阪市でも二十七年に市章「みおつくし」が制定されている。

ところが、「横浜市歌」の方は先の紀念帖にも、「市歌を新作することとなり其作製を文豪森鷗外氏に譜曲を東京音楽学校教師南能衛氏に嘱託」とあるだけ。なぜ鷗外なのか、などにふれられてない。この謎に現職市長が挑戦する。

謎に挑んだ横浜市長

生っ粋のハマっ子・飛鳥田一雄《あすかたいちお》さんは、横浜市長時代（一九六三―七八年）、多くの随筆を書いている。なかに「鷗外日記と横浜市歌」（『有鄰』一九七一年十一月十日号）というのがある。「市歌を唱いながら、鷗外の日記でも読んでみようかなと思った」と書きだし、明治四十二年の日記を精査する。

『鷗外全集』（三十五巻）から、「横浜市歌」にかかわる日記をみてみよう。二月五日「夕に東京市役所の階上に開ける市歌の会議に往く」、つづいて三月二十一日「横浜市長三橋信方《のぶかた》の代人三宅成城来て市歌を作らんことを請ふ」とはじまる。その後は、三宅の催促の訪問（五月十二日）、作曲者の南との二回の打ち合わせ（五月二十三日、六月六日）、市歌の印刷できる（六月十七日）、記念祭で市歌を聞く（七月一日）、三宅のお礼の訪問（七月十八日）、三橋市長の来訪（七月三十一日）と、市の三宅が依頼に行った以後の経緯はくわしい。が、この話のスタートはわからない。

「何故、鷗外を選んだのか、南は始めから決められていたのか」、と飛鳥田さんは書く。また、二月五日の東京市歌の会議に注目、市歌をつくるような場合、東京のように「先ずおえら方の先生達に集まっていただいて委員会が作られる」はず、と現職の市長らしい見方をする。

なお、このとき東京は結局まとまらず、のち大正十三年に市歌「柴匂ひし」（高田耕甫作詞・山田耕筰《こうさく》作曲）を発表する。この作詞は市民公募によったとのこと。

そして、飛鳥田さんは、三橋市長と鷗外とが以前から知己の間柄だったのかをさぐる。三橋は神奈川県書記官（明治十九年）や横浜築港掛長（二十二年）などを歴任した官僚で、横浜との縁は認められるが、鷗外や南とのかかわりはなさそうという。こうして飛鳥田さんは結論をいう。あらまし次のようである。

開港記念日までに市歌をつくるには、委員会などを設けていては間に合わない。三橋市長は、「いっそのこと鷗外に直接頼んでしまうのが早道と考えたに違いない」。南は鷗外の指名によろう。

それにしても、昼も夜も分刻みの市長日程をこなしながら、本格的に史料に目をとおすのはさすがだ。飛鳥田さんの歴史研究は有名で、当時、明治建築を少しばかり調べていた私にも、ある人を介してジェラール瓦について問い合わせがあったのを思いだす。市長は、「ふらんす瓦の謎」という名文も草している。「夜おそく、密かに歴史文献を漁ってみることは……救い」、と飛鳥田さんは著書「あとがき」に記す。ストレス解消策でもあったのだろう。さて、私もこの謎解きに挑戦してみた。

3　東京音楽学校から頼まれた鷗外

鷗外の日記によると、市長に代わって三宅が突然、訪ねてきて鷗外が作詞を引き受け、市歌の件がはじまる。だが、軍医総監であり文豪といわれる人物にかかわることを考えると、話が事務的に過ぎる。三宅の行く以前にひと幕あったのでは。そう思って私は資料収集に入る。

三宅は市役所の教育課長である。明治四十二年、同課視学から昇進した。市歌が教育課の担当だったことがわかる。私も飛鳥田さんと同じように、まず三橋市長と鷗外との接点をさぐった。両者とも日清戦争に従軍（三橋は通訳、鷗外は軍医）している。が、どの程度かかわりがあったかはわからない。このほかに直接的な関係はみあたらない。どうもふたりのつながりから、鷗外が作詞することになったのではなさそうである。

「鷗外博士談」

実は、市歌の印刷ができた一週間後（六月二十四日）、『都新聞』に「横浜市歌に就て」という「鷗外博士談」が掲載されていた。それを手にして私はびっくりした。その文頭に「先頃東京音楽学校から横浜市開港五十年の唱歌を作って呉れと托《たく》された」とある。市長代人の教育課長が三月二十一日、五月十二日に鷗外宅へ行っていながら、市長や市からではない。

これからすると、横浜市が音楽学校に市歌制定を頼み、同校が鷗外へ橋渡しした、という前段があったのかも知れない。このレールが敷かれたのち、市側が当事者として鷗外宅へあいさつに出向いたとすれば話はスムーズにつながる。市としては、権威ある東京音楽学校に市歌作成を引き受けてもらえれば、これ以上の重みはないはず。面倒な委員会を設ける手間も暇も省ける。飛鳥田さんの疑問も霧消しよう。

「作曲委託関係書類」

では、当時、東京音楽学校はこういう外部からの作詞・作曲の依頼に応じていたのだろか。明治期、作曲はかなり難しいものとされていた。とくに地方ではその人材は少なかった。東京音楽学校が唯一たよりになる存在といっていい。同校では一般からの作曲などの依頼を受けていた。

これらの委託関係書類が、現在の東京芸術大学に保管されていた。明治四十一昭和二十四年分（東京音楽学校期）が一覧表になって、公表されている（『東京芸術大学百年史』東京音楽学校編第二巻、第三章）。このなかに「横浜市歌」はない。しかし、当初の頃、依頼は受けられないが作詞者や作曲者の「仲介」の便をはかっていた一時期のあることがわかる。市歌がつくられた明治四十二年前半が、丁度その時期にあたる。鷗外が「音楽学校から」というのは、この仲介だったのではないかと思う。また、南の作曲も同様だったろう。

この一覧表によって明治四十二年前後の依頼状況をみてみよう。四十年頃から各地で校歌などの制定ブームがあったようだ。東京はじめ北海道から九州まで、中・高・大学各校より、校歌・寮歌の作曲等の依頼が多くを占める。数は少ないが役所関係からも、名古屋市歌（四十三年）、札幌区奉迎歌（四十四年）、小樽区歌（同）が依頼されてる。明治末頃、校歌などつくるときは音楽学校へ、という流れが全国的にあったように思う。頼まれる内容は、作詞・作曲、作詞のみ、作曲のみ等いろいろである。

四十年十月から翌四十一年六月の間に、滋賀県立商業学校の校歌など一〇件が依頼される。うち、九件（取り下げ一）の作曲等が行なわれた。このときの仕事がかなりきつかったらしい。四十一年九月、長崎県の宇久尋常高等小学校の校歌依頼に対し、作曲には応じられないが、「作曲者ニ相当ノ報酬贈与ノ御予定ニ及ヘハ職員若クハ卒業生中ノ某氏ニ御委嘱相求度其場合ハ本校ニテ可成御便宜相計可申。」と回答している。仲介の労はとろうという。

翌四十二年にも、二月の東北帝大と五月の愛媛県のある小学校の依頼に、「学校の事業としては引受けられないが仲介は可能」と返事する。その後は、学校側の体制が整ったらしく、仲介した様子はみられない。

以上から、同年三月二十一日に市長代人として三宅が鷗外宅を訪れる以前のことを、推測も入れて述べてみよう。開港五十年記年祭の準備が本格的に活動をはじめるのは、同年二月二十四日の専務委員会からである。この頃、市長周辺で市歌作成の話が浮上したのだろう。市は急を要することから、市歌制定の準備委員会を設置するよりも、全国から校歌などを引き受けている東京音楽学校に頼むのがベターと考えたにちがいない。

急遽、担当の教育課職員（三宅か）が音楽学校へ相談に行った。市役所から外部に願い書を出す場合、事前に相手側に打診（文面、あて名など）するのが常である。学校は依頼に応じられないので、代案として「仲介」方式を示す。それに市が飛びついたのだろう。こうして、学校側が作詞・作曲の人選をすませ、市歌作成が動きだす。その後の展開は鷗外の日記のとおり、と私は考える。

鷗外が選ばれたのは

残る疑問は音楽学校が鷗外と南をなぜ選んだか、だ。これは学校側の判断によるものだから、くわしいことはわからない。私は次のように推測する。まず作曲者の南能衛から。南は明治三十七年、東京音楽学校を卒業、徳島中学・和歌山県師範を経て、四十一年六月、母校講師（九月　助教授）に迎えられる。市歌作曲の前年である。当時、三十歳ほどの新進音楽家だった。

この頃、校内では外部からの作曲依頼にてんてこ舞のさなか。早速、南がその主な要員に選ばれたのは自然の成り行きだろう。彼の着任から四十三年までの間に、依頼を受けたうち実際に作曲されたものが二五件ある。これらを担当者別にみると、南が八件、楠美恩三郎・島崎赤太郎が各三件、その他は山田耕筰らの各二件以下である。こういう状況から、市歌の作曲者にも南が選任されたのであろう。

鷗外はどうか。彼は、日露戦争から帰還して、文学面に意欲的に活動していた時期である。まず三十九年、歌会「常盤会」に参加する。四十年に「観潮楼歌会」をはじめ、佐佐木信綱、与謝野寛ら多くの文人と交流を深める。信綱が創刊した『心の花』に鷗外はしばしば寄稿。また、日露戦中の作品『うた日記』（四十年）も反響をよんでいた。

そして、市歌作詞の四十二年、一月に雑誌『スバル』創刊、七月には文学博士（すでに二十四年、医博）を授与される。このように四十年前後の頃、鷗外は文壇の注目を集め話題をさらっていた。まず、作詞者に名のあげられる条件がそろっていたといえる。

のちのことだが、大正二年に新潟県医学専門学校から歌詞委嘱先選定の依頼が音楽学校にあった。医専側が用意した候補者リスト（森鷗外・上田万年《かずとし》・幸田露伴・芳賀矢一・土井晩翠《どいばんすい》）の中から、音楽学校は森が適任と回答する。

当時、鷗外は作詞に関心をもち、横浜の市歌にも意欲的に取り組んだように思う。市歌は、曲が先にできて詞が後から、という珍しい方法でつくられたことで知られる。鷗外が試みてみたかったのだろう。先の日記（六月六日）に「譜を見て、直ちに塡詞《てんし》す」とある。また、六月二十四日の「鷗外博士談」に、自分の注文で「譜を新しく先へ拵へさして、新規に作歌した」と述べ、こうして歌をつくった人は「今まで誰もない」と見栄を張る。かなり意気込んでいる様子がうかがえる。

「開港五十年紀念大祝賀会式典　三橋市長式辞朗読の光景也」『横浜開港五十年紀念帖』から　横浜市中央図書館蔵

だが、明治三十年頃に世にでた唱歌「夏は来ぬ」（佐佐木信綱作詞、小山作之助作曲）は、「曲が先、詞は後」でつくられたといわれている（『唱歌・童謡ものがたり』）。これによると、この方式に前例があったことになる。信綱は鷗外の日記にしばしば登場する。「信綱来て心の花に物書けと云ひ、国民歌集をもて来て贈る」（四十二年三月十三日）などとある。これほどの仲だから、ふたりの作詞論も弾んだにちがいない。きっと、鷗外が歌詞に興味をもった時期だったのではないか。

飛鳥田さんの調査によると、市歌作成のとき、横浜市は鷗外に一〇〇円、南に五〇〇円を贈ったという。東京音楽学校は作曲等の依頼者から謝礼額の問い合わせがあると、一五―二〇円と答えている。この費用がねん出できず、依頼を取りさげた例もあった。前述の委託一覧表に記述されているその最高額は、明治四十―大正四年では小樽区歌の作詞と作曲の各五〇〇円である。鷗外の一〇〇円というのは破格な額といえる。

明治四十三年三月五日の鉄桟橋

明治四十二年（一九〇九）の開港五十年祭祝賀会は新港埠頭（工事中）で行なわれた。姿を現わしたばかりの五号上屋が会場になる。この日（七月一日）、鷗外は汽車で横浜停車場（現在の桜木町駅）まできて新港に行った。祝賀会で、小学児童数百名が夏休み返上で習った市歌の斉唱に耳を傾ける。「始て横浜市歌を奏するを聞く」と日記につづっている。その八か月後、こんどは鉄桟橋に彼の姿があった。

「明治四十三年日記」に次のようにある。

三月五日（土）。晴。亀井伯爵茲常、福羽《フクバ》子爵逸人《ハヤト》の洋行を送りに横浜にゆく。

ロンドンに旅立つ亀井・福羽両氏の見送りに、桟橋に行ったのである。亀井は旧津和野藩主家の第十四代当主、福羽は同藩士の家柄でフクバイチゴで知られる近代園芸の先駆者だ。森家は同藩の代々典医をつとめていた。

実は、このときの鉄桟橋での光景を執筆したのが、鷗外の「桟橋」である。同年五月一日創刊の『三田文学』に掲載される。三月八日の日記には早くも「桟橋成る」とある。いくら小品とはいえ、わずか三日間で書きあげているのに驚く。ふたりの乗るフランス船は桟橋のはるか先端に停泊していた。伯爵夫人は、船が桟橋を遠のき、亀井の姿が見えなくなるまで見送る。この久子夫人は上杉茂憲伯爵の五女で、華族女学校出の才媛だった。「桟橋」は久子をヒロインに、まだ寒かった日の実際を描いたものだ。

鷗外はこの作品で、冒頭の「桟橋が長い長い」を五回くりかえす。この日、一行は横浜停車場から人力車で波止場入口まできて、桟橋のはずれまで歩く。その間、ほぼ七三〇メートルある。私もよくここを行き来する。たしかに、「肌を刺す」ような風のなか、「臨月の程遠からぬ体」の夫人にはとても長く感じられたことと思う。そんな久子の身を案じ、夫との別離の情も込められたフレーズだったろう。

なお、鷗外がドイツへ留学したのは明治十七年から二十一年までだが、その出港も帰港も第一章で述べた「象の鼻」突堤の時代である。

終　章　横浜港の遺産を生かす

各地に伝わる万吉の潜水術

第一次築港で馴導堤を請け負った増田万吉は、ヘルメット式潜水器をつけてもぐった初の日本人である。明治六年頃から、横浜で潜水を専業にする。当初は、船舶の水中修理や沈船の引き上げが主な仕事だった。また、彼は多くの潜水夫を養成（五〇〇人とも）したことで知られ、新しい潜水作業の開拓にも熱心に取り組む。

海にもぐって魚介類を採る海女《あま》は「素もぐり」の漁法で、その歴史は古い。一方、潜水器をつけた「器械もぐり」は明治十年（一八七七）頃から行なわれるようになる。千葉県・岩手県などで、現在もこの漁法が生きている。

千葉（房総半島）出身の潜水技術者は昭和初年に全国の二割以上に達し（『潜水の歴史』）、同県はいまも潜水士を輩出する地として知られる。また、岩手県には潜水教育に著名な県立種市《たねいち》高校がある。両県に「房総もぐり」「南部もぐり」の技が引き継がれているのだ。両もぐりは万吉のまいた種から育つ。

潜水服姿の増田万吉（中央）　神奈川県立金沢文庫蔵

万吉は明治三十五年（一九〇二）、潜水病で亡くなり（数え六十七歳）、久保山墓地（西区元久保町）に埋葬された。その三年後に出された『潜水業』は彼の晩年を次のように記す。

房州ノ南海岸ニ於ケル鮑《あわび》貝ノ採集ニアリ茲ニ多クノ壮丁ヲ教導シテ遺利ヲ海底ニ探り大ニ寒村ヲ賑ハシ全村良ク其技術ヲ習得シ（後略）

また、『明治事物起源』の著者・石井研堂は、明治四十五年、万吉没後の同家を訪ね、その様子を「窮乏見る影もなし。ただ弟子の砂山栄次郎（栄治郎）、増田組の名を襲ふて営業し、二人の遺族を扶持しをりたし」と書いている。

この砂山栄治郎は房総もぐりである。安房郡滝口村（現在の南房総市白浜町滝口）の出身。その隣村・根本で万吉が潜水器を使ってアワビを採る実験を行なったのが明治十一年で、これが文書で認められる器械もぐりの起源という（大場俊雄『房総の潜水器漁業史』）。万吉は、明治十一―十二年、根本と滝口の人たちに潜水術を伝受、房総もぐり一期生が誕生した。次に彼らが二期生を、というようにして技が伝えられた。栄治郎もこうして潜水夫になったひとりである。

横浜の第一次築港は房総もぐりに恰好の働き場を提供した。彼らはこの機に水中工事の腕をみがく。築港の監督・パーマーの最初の仕事は、海底で作業や測量ができる潜水夫を養成することだったという。ここで育った潜水夫が、その後の築港（函館、小樽など）で働いた。新港埠頭の工事を担当した丹羽鋤彦も「其一部を分けて貰ひ」と語る。

さて、南部もぐりのルーツはどうか。房総もぐりから技を習ったのだ。明治三十一年、平内《ひらない》（現九戸郡洋野《ひろの》町）沖で、函館から横浜に向け航行中の貨客船が難破する。その船体の引き上げを行なったのが四人の房州もぐりで、ひとりが現地に残り伝授したという。

JR八戸線の平内駅ちかくに、この遭難の海を望むように種市高校が建つ。この海洋開発科は、一九五二年に久慈高校種市分校潜水科として発足以来、五十余年の歴史がある。この間に約一七〇〇人が卒業、ここに育った海の男（最近は女性も）は水中土木に強い。

二〇〇六年、私は砂山の生地にある彼の石碑を見に出かけた。石碑は白亜の野島崎灯台（明治二年初点。現灯台は大正十四年築）から二キロほどの普門山観乗院にある。「恩師　砂山栄治郎之碑」と彫られた謝恩碑（大正九年建）で、背面に建立した弟子たち一八名が名をつらねる。栄治郎が万吉の恩義に報いたように、彼らも師の恩を忘れなかった。砂山の人物について知ろうと、同院玄関にまわったが残念ながら不在寺院だった。

たまたま近くで農作業中の人に尋ねたところ、旧姓を砂山という人がいると教えられた。その人が幸いにも砂山の令孫、三津田茂子さん（おもいやりの郷・施設長）と佐野静子さん（同総務部長）だった。おふたりから、さらにゆかりの方々を紹介してもらう。こうして、万吉の跡を継いだ砂山潜水が、横浜市鶴見区で明治・大正・昭和とつづいていたことがわかった。また、栄治郎の名をもらったという、元潜水業の小原栄治郎さんにお会いできた。

砂山栄治郎は、各地の橋梁工事、横浜築港（第二次）の鉄桟橋改良、鶴見埋築《まいちく》株式会社（社長・浅野総一郎）の埋立などに従事する。大正八年（一九一九）、橘樹《たちばな》郡生見尾《うみお》村（現横浜市鶴見区鶴見）で病により亡くなる。以後、砂山潜水は妻キミが切り回し、昭和十五年（一九四〇）頃まで営業していた。潜水夫の業務は、栄治郎の弟子・京極国治が継ぐ。キミは昭和四十一年、東寺尾町で息を引きとる。彼女を看取った後藤富美子さんが、いま横浜（中区山手町）に住んでおいでだ。

次に小原栄治郎さん（大正二年十一月生、九十三歳）の話に移ろう。昭和三年（一九二八）、十四歳で潜水の道に入り、砂山キミのもとで技と業をみがく。東京湾埋立会社（鶴見埋築が社名変更）の仕事などに従事する。戦後、潜水業の会社を起こし、全国の工事現場を飛び回る。このころ種市高校出身者を使ったという。現在、令息がその会社を継ぎ、千葉県銚子市で手びろく潜水・土木業を営む。同家は、父上が砂山直伝の潜水夫、令息が種市出の潜水士と三代つづく房総もぐりの家だ。

ブラントンゆかりの灯台レンズ

ブラントンが明治七年（一八七四）、築港案を作成、天覧に供したことを第二章2でふれた。

これはブラントンがつとめていた工部省灯台寮（現在の中区北仲通六丁目）に、天皇・皇后両陛下が行幸されたときのことである。

その日（三月十八日）は、同寮に新設された試験灯台の初点の日だった。試験灯台というのは職員研修や灯台器機のテストに使われる。両陛下は、ブラントンより灯台に装置された最新器械の詳細な説明を受けられ、その夜、行在所《あんざい》（伊勢山、大蔵省出張所）から実際に点灯された状況もご覧になっている。

実は、この試験灯台で組み立てられたレンズが、いま、犬吠崎灯台の展示資料館に遺されている。それはフランス製（一八七三年）第一等八面閃光レンズというもの。この横浜港の遺産が、試験灯台（神奈川）→犬吠崎灯台（千葉）→同灯台で戦災→明治村（愛知）で一部を復元、展示→犬吠崎灯台、という三県を経て、一三〇余年間、しっかり継がれてきた。直径約二メートル、高さ約二・五メートルのレンズを目の当たりにすると、その大きさに圧倒される。きっと、明治天皇もびっくりされたことだろう。

忘れられた波止場

開港後にできたもう一つの波止場・フランス波止場を、近代日本の夜明けゆかりの場所と紹介した（第一章1）。この突堤は関東大震災で壊滅、いま山下公園の地下に眠っている。この由緒ある波止場も市民に忘れられたようになっているのが実情だ。その一因に、園内にこれを記

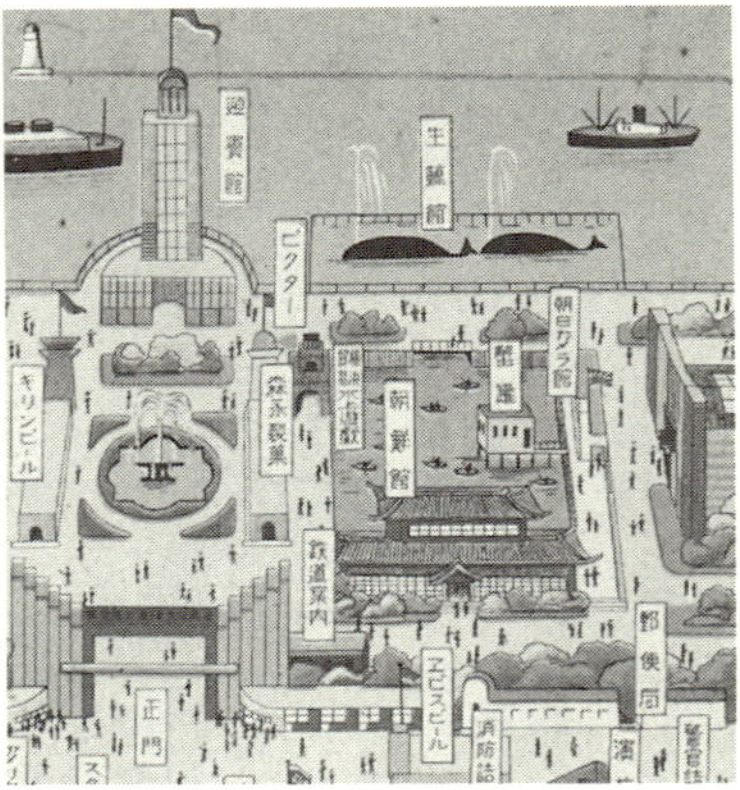

「復興記念横浜大博覧会案内図」（部分）
昭和10年

念する施設のないことがあげられる。戦前には、ちゃんと波止場跡に設けられていた。

現在、氷川丸が係留されているあたりの園内中央、沈床《ちんしょう》花壇（掘り下げてつくる花壇）の所にあった。「ボートベイシン」といった船だまりがそれである。いまならボート池といおう。一見、学校の水泳プールを大きくしたような形状（縦七三メートル、横四三メートル）である。

その仕掛けが面白い。海水取入口の橋（現存）をくぐって港に出られる。海側にもボート乗降場（岸壁の楕円形バルコニー階段下）があった。昭和十年、復興記念横浜大博覧会が開かれた折、この前の海面を囲んで生鯨館ができた。鯨が海から橋の下を抜けて池の中まで侵入、人気だった。橋とそばの水門はボートベイシンの遺構である。

この船だまりは、山下公園の設計者・折下吉延《おりしもよしのぶ》（内務省復興局公園課長）の苦心のデザインだ。すなわち、長州藩士の伊藤らの船出（密航）を思い浮かべて、波止場の跡に配置したのである。ところが、接収解除後の復旧工事（一九五四－五七年）で、無残にも埋められ沈床花壇にされてしまった。この事業責任者は折下の意図を知らなかったという。この復旧工事で、ボートベイシンは壊された、と長年、思われていた。だが、以前、私は市役所ＯＢから壊されていないはず、と聞いていた。それが最近の沈床花壇改修の現場で実証された。船だまりの護岸を一部だが、この目で見ることができた（二〇〇〇年）。これを復元すれば、山下公園の親水性は一段と助長されるし、なによりここからの船出が人びとに実感されよう。フランス波止場を呼び起こす大きな力になる。ぜひ実現してほしいと思う。

売られた発祥地

大岡川河口部（中区北仲通）、汽車道（みなとみらい）の対岸一帯が、建物すべてなくなり、きれいに整地され、現在は駐車場になっているが、一時、マンションのパピリオンが建築されていた。不動産会社の大きな看板が建てられている。

「横浜商館並ニ弁天橋図」（部分）
上部に灯台寮と弁天橋が描かれている。二代国鶴画　明治７年頃
神奈川県立歴史博物館蔵

　ここには長く第三管区海上保安本部（三管）があった。司馬遼太郎さんが取材でここを訪れたとき（一九八二年九月）は、庁舎前に「灯台局発祥の地」という木柱があったという。私は、ここに「明治天皇行幸阯」の碑（一九五五年建）があると聞いて

見に行った（二〇〇四年四月）。が、現地はすでに行幸碑も司馬さんのいう木柱も跡形もなく消えていた。

ここは、先にふれたブラントンの灯台寮があった所。すなわち、全国に灯台を建設する司令塔があった地である。明治天皇がご覧になった試験灯台（レンガ造三階建て）は、横浜浮世絵にもしばしば登場するハマの名所だった。行幸碑が見つからなかったので、その足で三管の新庁舎に行く。そこで次のことがわかった。旧庁舎のあった国有地は、その前年（二〇〇三年三月）、財務省から不動産会社に売却された。行幸碑は、千葉県袖ヶ浦の浮標基地に保管されている（横浜へ移す話もある）。行幸碑も発祥地の木柱（石碑もあるらしい）も、普通の記念碑に過ぎないが、日本の灯台黎明の地を標《しる》すものだっただけに、現地からなくなったのは残念である。河口沿いには灯台寮時代の護岸や突堤などが遺っている。

かつて、この跡地に灯台記念公園や水辺プロムナードをつくる構想があった。現地区計画では「プロムナードや広場等」を整備、とあり公園の二字は消えている。一歩後退の感だが、私たちは、灯台史の第一頁を飾るこの地を大切にし、貴重な土木遺産はしっかり守っていかなければならない。行幸碑・発祥地の碑も一日も早く本来の場所にもどしてあげたい。

横浜にない記念物

アメリカ合衆国から下関賠償金が返され、その全額が横浜築港工事に費やされた。これにより開港から三十五年後、この港都に貿易船を横づけできる貿易港が誕生した。こんな賠償金返還という異例なことが実現したのは、アメリカ国民の正義と友情にもとづくものだった。また、それを自らの使命として取り組んだ元大統領グラントの努力の賜物だった。さらに、その結実に彼の来日（明治十二年）が関係あることもわかった（第三章5）。

今回、私は彼が日本の文化財保護に貢献していたことを知った。来日中の七月、伊藤博文らと暑い東京を離れ、日光を訪れたときのことである。グラントは社寺や景観の素晴らしさに感嘆した。が、幕府という後ろ盾を失って日光山は荒れていた。彼はその殿堂の保護を強く訴えたという（『栃木県史』通史編六）。彼の提唱等がきっかけになって、祠堂名勝保存の団体「保晃会創立願」が提出され、その年十一月、伊藤内務卿が公許した。こうして地元有志による社寺の保護活動がはじまる。国が「古社寺保存法」を制定する十八年前のことである。

こう述べてくると、グラント将軍来日は、その後の日本の発展にいろいろ影響を与えたといえる。彼は滞在中、国民と積極的に交流した。現在、各地にその記念物を見ることができる。が、二つの建物をこの戦災で失った。

一つは、東京の浜離宮にあった中島御茶屋である。天皇と直接、二時間余も会談した所だ。昭和十九年十一月二十九日の空襲で焼失した。もう一つは、あまり知られていないが横浜にあった。原富太郎が栃木県から三溪園に移築したものだが、昭和二十年六月十日の空襲に見舞われる。これで、将軍の記念物は横浜から消えた。

横浜三溪園待春軒　第二次大戦の空襲で焼失。　横浜開港資料館蔵

それは、グラントらが日光旅行のとき休憩した家屋である。一行は、帰路、河内郡石井村（現在の宇都宮市石井町）の大嶋《おおしま》商舎を視察する。ここは県下初の近代的製糸所として知られ、川村迂叟《うそう》が創設（明治四年）した。川村は、かつて幕府御用達をつとめた江戸の豪商で、維新後、製糸業で名を馳せた人物である。彼は近傍の郷士の家（築三百余年）を工場に移し住居にしていた。一行が訪れたとき、迂叟はこの建物で昼食をもてなす。

明治十八年、川村は亡くなる。製糸所は三井家の所有を経て、三十五年に原家のものになった。富太郎は、大嶋商舎にあった由緒ある三棟の建物を横浜に移築する。その一つが郷士の家、すなわち待春軒《たいしゅんけん》（現在、園内にある同名の茶店〈一九八九年築〉とはちがう）である。

明治四十一年の探梅記に「待春軒には奇麗な女中が湯を煮立てて人待ちがほ」（『横浜貿易新報』二月三日付）とあるように、この建物は来園者の接待に使われた。一部は原家の執事・村田徳治の住まいになる。

待春軒の絵葉書を見ると、玄関前に車寄せに似た張り出し部分がある。そこにカマドと腰かけが据えられている。ここで湯茶が振る舞われた。玄関を入って右側に、濡れ縁のついた一〇畳（床の間、書院つき）と八畳ふた間つづきの部屋がある。グラント一行が休んだのはそこであろう。彼と縁のある横浜に、この建物があったことは意義深かった。

さて、アメリカの人びとから受けた恩義のおかげで、今日の横浜港がある。この事実を広く知らしめ、次代へ伝えていくべきと思う。港のどこかに（大桟橋が望ましい）築港由来の碑を建ててはどうか。両国民の絆《きずな》の標にも、グラントの記念物にもなろう。

もう一つ、「メリケン波止場」の愛称を復活するのはどうだろう。その名の由来は第四章2で述べた。今度は、私たち市民がアメリカ国民に感謝の心をこめて、「オオサンバシ」を「メリケンハトバ」と呼んではいかが。この埠頭は、一一〇余年の歩みのなかで、いろいろな名称が使われてきた（第三章－四章）。その一つ「メリケン……」は明治末から昭和まで通用していた名だ。大桟橋の名が現在のように定着したのは戦後もかなり過ぎてからのことである。

ちなみに、新装の大桟橋は「桟橋」ではなくなった。脚柱で床面を支える構造ではなく、埋立形式になった。

地形図でたどる横浜港

開港直後から100年後まで

A　西波止場
B　東波止場
C　「象の鼻」
D　大桟橋
E　石造ドック
F　新港埠頭
G　山下公園

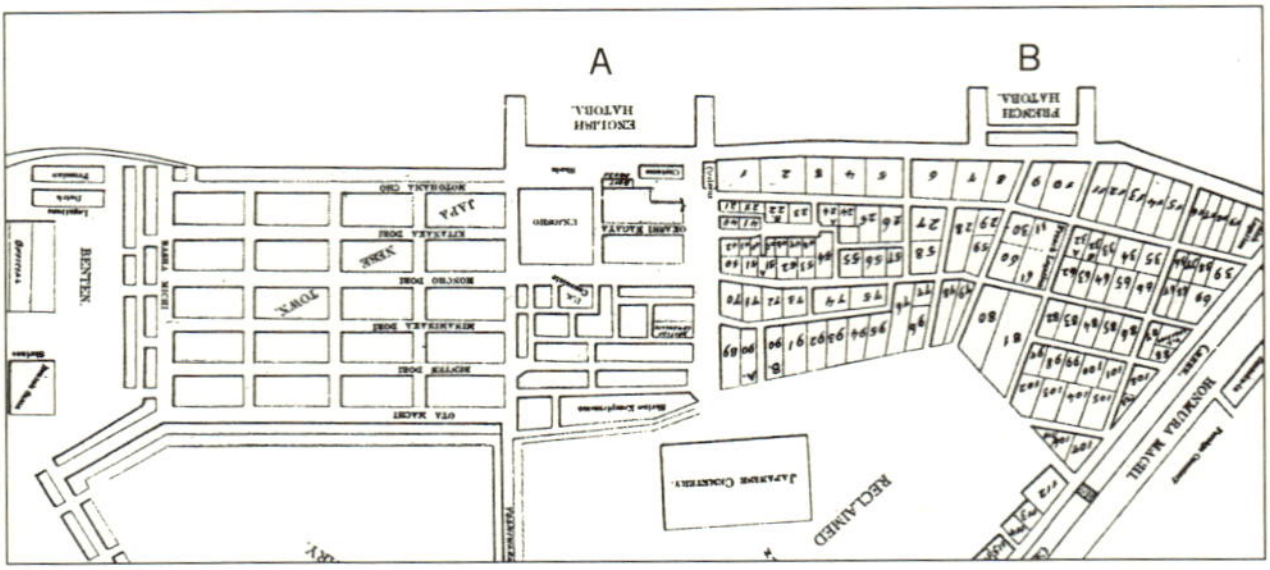

開港４年後　文久３年（1863）頃　「Plan of YOKOHAMA」（部分）「ジャパン・ガゼット横浜50年史」から　1909年発行　横浜開港資料館蔵

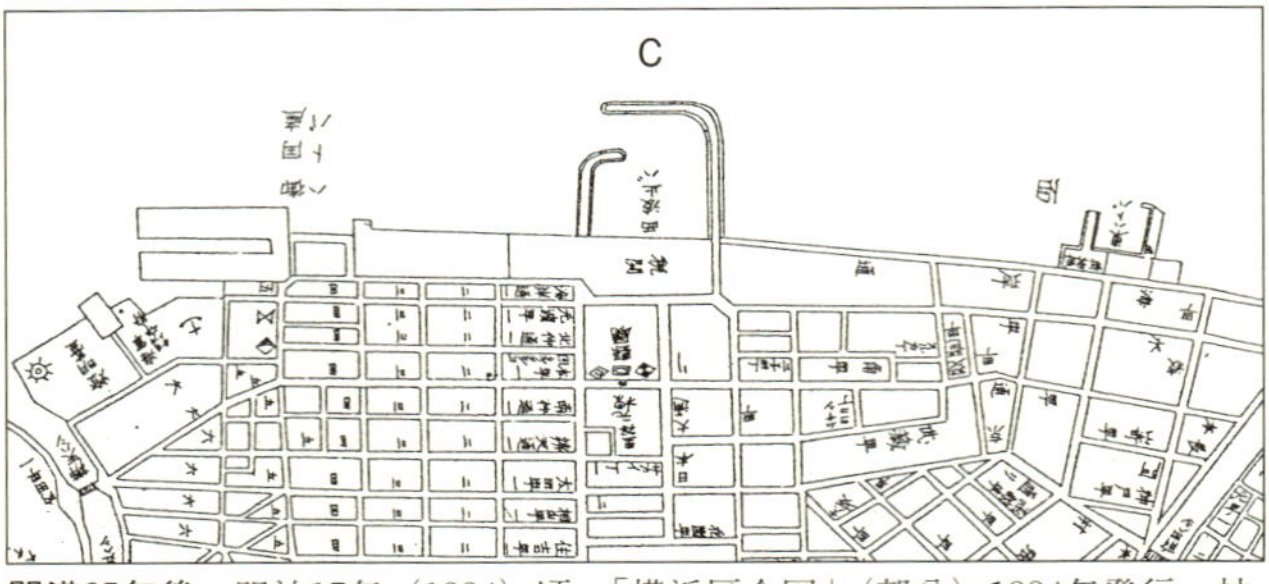

開港25年後　明治17年（1884）頃　「横浜区全図」（部分）1884年発行　神奈川県立図書館蔵

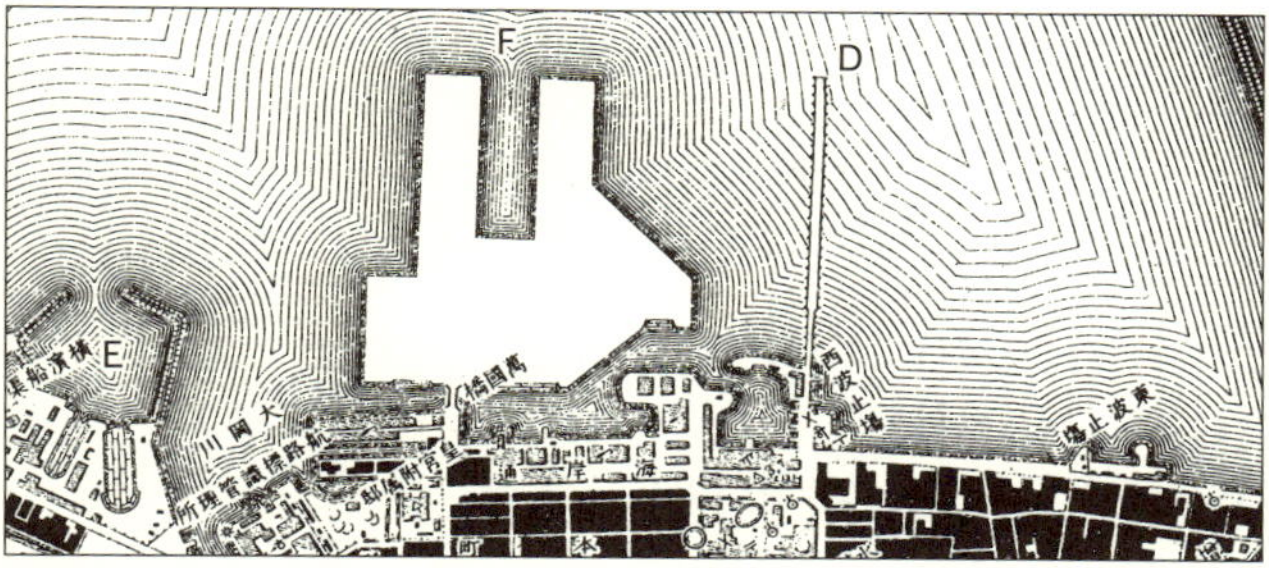

開港50年後　明治42年(1909)頃　陸地測量部発行　一万分一地形図「横浜」(部分)1908年発行

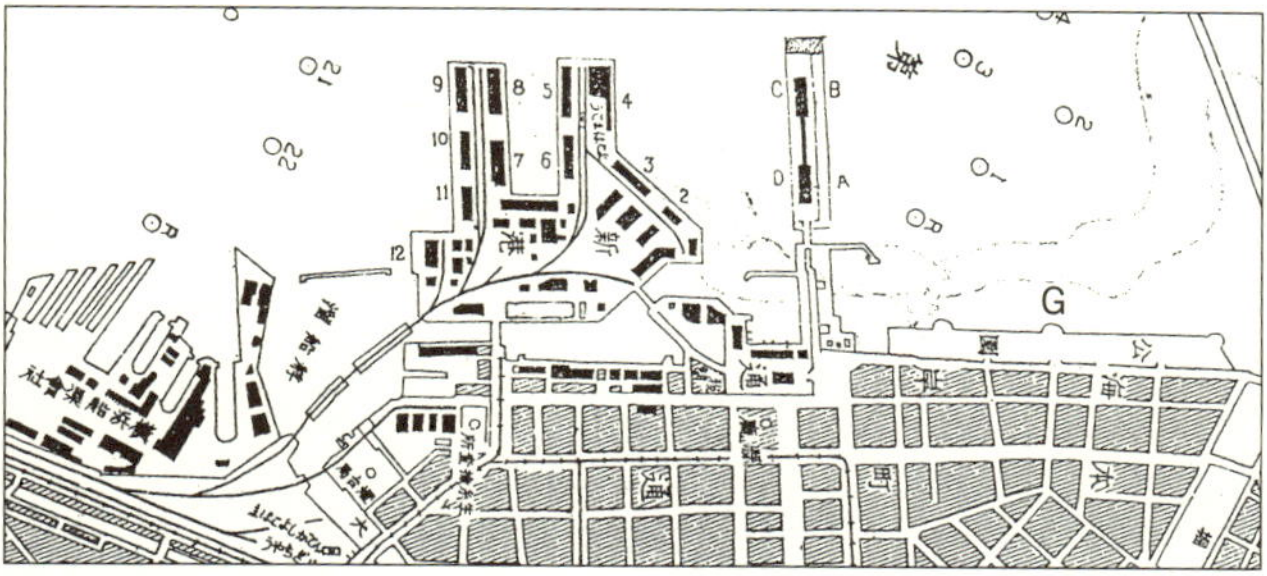

開港75年後　昭和 9 年（1934）頃　「横浜港平面図」（部分）1934年発行

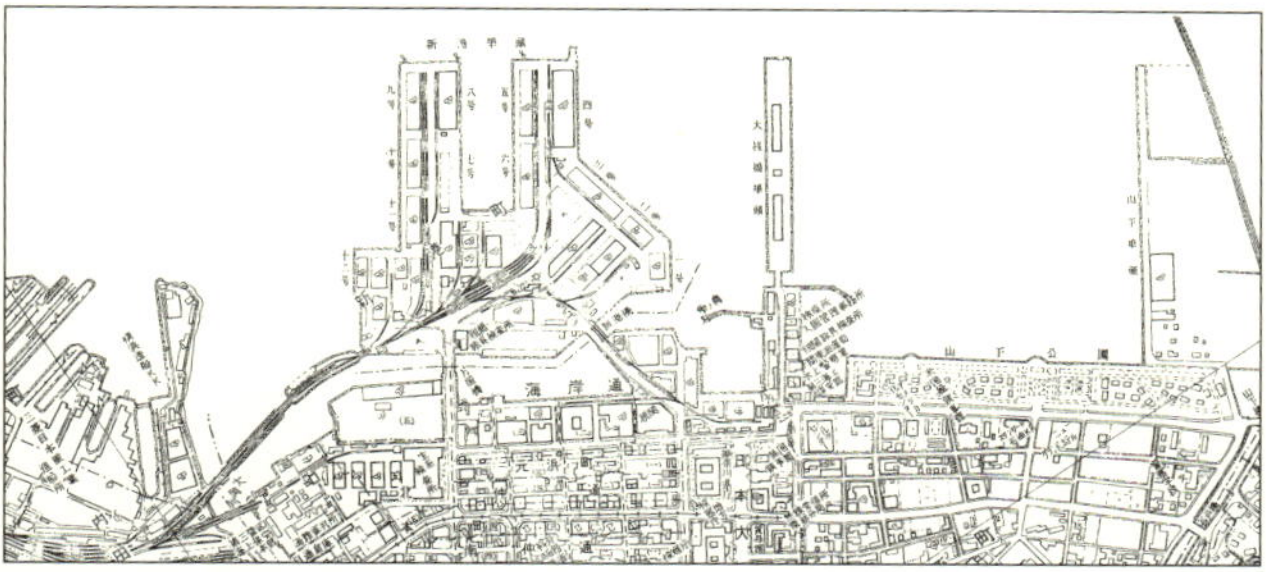
開港100年後　昭和34年(1959)頃　「横浜市建設局地形図」(部分)　1958年発行

あとがき

「みなと」を古語辞典でひくと「水門」とある。かつて「水戸」も使われていたという。つまり、横浜港は近代日本の水の門や戸としてつくられた。その港が、長年、ハシケや小船の発着所に過ぎなかったのはなぜ。こんな疑問から、私はハマの港史に首を突っ込むようになった。

まず大桟橋が、アメリカから返還された下関賠償金を原資にしてできたことに関心をもつ。この事情を調べ、「横浜港の父グラント将軍」（『日本経済新聞』二〇〇二年五月三十日付）として寄稿した。

その数日後、東京の内海通勝氏という方から丁重な書状をいただき恐縮した。氏は、内海忠勝元長崎県令（のち内相）の令孫にあたる。はからずも、書簡から内海家に伝えられるグラント来日時のご祖父の一面に接することができた。このほか、各地から読後感が寄せられ、拙文が横浜以外の人びとにも興味深く読まれたことを知った。これが、以後の私の港への取り組みに励みになる。

それを機に、みなとみらい21地区の石造ドックや新港埠頭などへ調査の網を広げていった。これらの成果をまとめるにあたり、従来、あまり触れられていなかったり、よくわからなかったりしたことをテーマに選び、執筆した。その内容は、拙著『ヨコハマ公園物語』（中公新書、二〇〇〇年）につづく、この港都の誕生物語である。

今回も多くの方々にお世話になった。心から謝意を表したい。特に、三津田茂子氏、佐野静子氏および後藤冨美子氏より貴重なお話を聞かせていただき、小原栄治郎氏から長年の体験談を伺わせてもらった。また、堀勇良氏、吉田倫子氏、武宮秀教氏からご助言をいただいた。

資料収集にあたって、国立国会図書館、アメリカン・センター、港区立みなと図書館、中央区立京橋図書館、神奈川県立歴史博物館、神奈川県立図書館、横浜開港資料館、横浜市中央図書館になどにお世話になった。

手書きの拙稿からこの本が生まれたのは、有隣堂出版部のご尽力によるものである。厚くお礼を申しあげる。

最後に私事にわたるが、各地での聞き取りや資料の翻訳に家族の協力をえたことを記して筆をおく。

二〇〇七年八月

田中祥夫

主要参考文献

ここにあげるのは、基礎的な資料に限らせていただいた（拙著を除く）。

外務省『日本外交文書』〜19　日本国際連合協会　一九三八－五二年
『横浜市史』各巻　資料編　横浜市　一九五八－七六年
『神戸開港百年史』建設編　神戸市　一九七〇年
『神奈川県史』通史編6　資料編17・18　神奈川県　一九七五－八一年
『横浜税関百二十年史』横浜税関　一九八一年
『横浜商工会議所百年史』横浜商工会議所　一九八一年
『横浜港修築史』運輸省　一九八三年
『水と港の恩人H・S・パーマー』横浜開港資料館　一九八七年
『横浜もののはじめ考』横浜開港資料館　一九八八年
『都市の記憶　横浜の土木遺産』横浜市　一九八八年
『R・H・ブラントン　日本の灯台と横浜のまちづくりの父』横浜開港資料館　一九九一年
『横浜港の140年』横浜マリタイムミュージアム　二〇〇〇年
淵野修『横浜今昔』毎日新聞横浜支局　一九五七年
森林太郎『鷗外全集』6－38　岩波書店　一九七二－七五年
クララ・ホイットニー『クララの明治日記』一又民子訳　講談社　一九七六年
『市民グラフヨコハマ』36－77　横浜市　一九八一－九一年

週刊朝日『値段史年表』朝日新聞社　一九八八年
司馬遼太郎『街道をゆく』21　朝日文庫　二〇〇一年
E・スエンソン『江戸幕末滞在記』長島要一訳　新人物往来社　一九八九年
大蔵省『大蔵省百年史』大蔵財務協会　一九六九年
久米邦武『特命全権大使欧米回覧実記』1　田中彰校注　岩波文庫　一九七七年
R・H・ブラントン『お雇い外人の見た近代日本』徳力真太郎訳　講談社　一九八六年
古川薫『幕末長州藩の攘夷戦争』中公新書　一九九六年
『横浜築港誌』臨時築港局　一八九六年
吉野作造『明治文化全集』6　日本評論社　一九二八年
『グラント将軍御対話筆記』国民精神文化研究所　一九三七年　復刻版　横山学編　本邦書籍　一九八〇年
日本学術振興会『條約改正関係日本外交文書』(1)1上　日本外交文書頒布会　一九五六年
J・R・ヤング『グラント将軍日本訪問記』宮永孝訳　雄松堂　一九八三年
『外国新聞に見る日本』①・②本編　毎日コミュニケーションズ　一九八九年・九〇年
京都大学『吉田清成関係文書』1・3　思文閣　一九九三年・二〇〇〇年
開国百年記念事業会『日米文化交渉史』洋々社　一九五六年
井出義光『リンカーン南北分裂の危機に生きて』清水書院　一九九〇年
高崎通浩『歴代アメリカ大統領総覧』中央公論新社　二〇〇二年
米国『議会議事録』(国立国会図書館議会官庁資料室蔵)
恒川柳作「船渠の話」『造船協会年報』3　造船協会　一八九九年

『横船の思い出』上・下　三菱重工業　一九七三年
『日本海軍潜水艦史』日本海軍潜水艦史刊行会　一九七九年
『広島県史』近代1　広島県　一九八〇年
呉海軍工廠『呉海軍工廠造船部沿革誌』あき書房　一九八一年
『旧横浜船渠第2号ドック・解体調査報告書』三菱地所　一九九一年
『三菱重工横浜製作所百年史』三菱重工業横浜製作所　一九九二年
恒川陽一郎『旧道』献文堂　一九一四年
長谷川伸『長谷川伸全集』10　朝日新聞社　一九七一年
谷崎潤一郎『青春物語』中央公論社　一九八四年
『港湾』一九四九年各号　港湾協会
若槻禮次郎『明治・大正・昭和政界秘史』講談社　一九九八年
原奎一郎『原敬日記』2　福村出版　二〇〇〇年
飛鳥田一雄『素人談義三人ジェラール』有隣堂　一九七四年
『東京芸術大学百年史』東京音楽学校編1・2　音楽之友社　一九八七年・二〇〇三年
『栃木県史』通史編6　栃木県　一九八二年
大場俊雄『房総の潜水器漁業史』崙書房　一九九三年
『潜水の歴史』社会スポーツセンター　二〇〇一年

1963	昭和38	山下埠頭竣工
1964	昭和39	大桟橋、改修工事完成。新幹線開通。東京オリンピック開催
1965	昭和40	山下臨港線（横浜港駅－山下埠頭間）開通
1969	昭和44	本牧埠頭竣工
1983	昭和58	三菱重工業横浜造船所、本牧・金沢へ移転。みなとみらい21（MM）着工
1985	昭和60	みなとみらい21日本丸メモリアルパーク一部開園（旧横浜船渠１号ドック。2000年国重要文化財指定）
1989	平成元	市政100周年横浜博覧会開催。横浜ベイブリッジ開通
1993	平成５	みなとみらい21ランドマークタワー竣工。ドックヤードガーデン開園（旧横浜船渠２号ドック。97年国重要文化財指定）
1995	平成７	阪神・淡路大震災
1997	平成９	みなとみらい21汽車道オープン
2002	平成14	大桟橋客船ターミナル竣工。みなとみらい21赤レンガパーク開園。FIFAワールドカップ開催
2004	平成16	日米交流150周年式典（開港広場にて）。みなとみらい線（横浜－元町中華街間）開業

1918	大正7	港湾行政の所管問題決着（内務省に一元化）
1923	大正12	関東大震災で廃市の危機。これや丸（地震時、新港4号岸壁）発信の震災第一報、米国へ着信。フランス波止場跡一帯、瓦礫の捨て場となる
1927	昭和2	ホテル・ニューグランド竣工。市、区制施行
1928	昭和3	神奈川県庁舎（キングの塔）竣工。横浜駅が現在地で開業
1930	昭和5	山下公園開園。フランス波止場跡、ボートベイシンになる
1934	昭和9	横浜税関（クィーンの塔）落成。明治生命館（岡田設計。97年国重要文化財指定）竣工。
1935	昭和10	復興記念横浜大博覧会、山下公園にて開催。横浜船渠、三菱重工業と合併（43年、横浜造船所と改称）
1936	昭和11	大桟橋拡張工事完成
1937	昭和12	外防波堤竣工。日中戦争（45年まで）
1941	昭和16	太平洋戦争（45年まで）
1942	昭和17	新港埠頭凹部で独・日艦爆発（40分間に5回）、死者102名
1945	昭和20	米軍の空襲で市街地は焼け野原、待春軒焼失。接収はじまる
1949	昭和24	日本貿易博覧会（反町・野毛会場にて）
1950	昭和25	港湾法・横浜国際港都建設法施行
1951	昭和26	市、港湾管理者になる
1952	昭和27	大桟橋接収解除
1954	昭和29	開国100年記念式典（フライヤージムにて）。山下公園接収解除（一部、59年全域）
1956	昭和31	新港埠頭接収解除（一部除く）
1958	昭和33	開港100年記念式典（平和球場にて）
1961	昭和36	氷川丸、山下公園前に係留
1962	昭和37	港の見える丘公園オープン

		に亀裂発覚。恒川、佐世保鎮守府建築部主幹
1893	明治26	パーマー没
1894	明治27	鉄桟橋完成。横浜船渠、恒川にドック設計依頼。日清戦争（95年まで）
1895	明治28	横浜船渠、ドック築造（98年まで）
1896	明治29	防波堤竣工、第1次築港完了。唱歌「港」発表される
1897	明治30	横浜船渠2号ドック開渠（1号ドックは99年開渠）。横浜商業会議所、第2次築港に向け運動開始
1898	明治31	水上浩躬税関長、埠頭改造大プラン立案。大蔵省、古市公威に拡張計画を依頼。仮設計できる
1899	明治32	第2次築港（新港埠頭など）着手。関税法施行。居留地制度撤廃
1901	明治34	新港埠頭、設計変更（突堤1→2本）
1903	明治36	東京天文台、正午報時（ドン）開始（フランス波止場に報時球）
1904	明治37	日露戦争勃発で新港埠頭工事続行が危ぶまれる
1905	明治38	市、築港費3分の1負担を申し出。新港埠頭、突堤1本完成で工事中止
1906	明治39	新港埠頭工事再開決定。恒川、海軍退官。原富太郎、三溪園公開。同園移築の待春軒（栃木県・郷士の家）はグラントゆかりの建物
1909	明治42	横浜開港50年記念祭。市章と市歌を制定
1910	明治43	横浜船渠3号ドック竣工。森鷗外、「桟橋」発表
1911	明治44	新港埠頭レンガ造倉庫2号完成（1号は13年）
1912	大正元	浅野総一郎ら、鶴見埋立組合創立
1913	大正2	恒川陽一郎（柳作長男）、万龍（静子）と結婚
1914	大正3	新港埠頭竣工。恒川柳作没（陽一郎、16年没）
1917	大正6	桟橋改良工事成り第2次築港完了。開港記念横浜会館（ジャックの塔。89年国重要文化財指定）落成。恒川静子、岡田新一郎と再婚

1877	明治10	西南戦争
1878	明治11	大久保利道、殖産興業・士族授産の建議
1879	明治12	グラント来日、岩倉に下関賠償金案件の当期議決に努力を約す
1880	明治13	＊ヘーズ大統領、教書で下関賠償金返還を取りあげる（46議会）
1881	明治14	＊グラント、強奪した下関賠償金の日本へ返還を訴える。46議会、下関賠償金返還案件、上院可決（46対６）・下院未決。アーサー大統領、教書に下関賠償金問題を述べる（47議会）
1882	明治15	＊47議会、下関賠償金返還案件、下院可決（万場一致）・上院修正可決（35対13）。同修正案、下院で排斥決議
1883	明治16	＊両院協議会、調整案決定（５対１）。同案、両院承認（47議会）。外務卿、駐日公使より返還金受領
1886	明治19	恒川柳作、呉で鎮守府第１船渠築造に従事（91年まで）。神奈川県、パーマー（英）に築港計画依頼（87年意見書提出）
1887	明治20	原六郎ら、民活方式による築港会社設立願を神奈川県へ提出。近代水道が横浜市に完成（日本初）
1888	明治21	大隈外相、返還金等により国費築港の「横浜港改築ノ件請議」提出（原案、浅田徳則通商局長起草）。内務省、デレーケ（蘭）・パーマー２案を審査。内相、デレーケ案を採用
1889	明治22	外相、パーマー案を推す。閣議、同案に決定。第１次築港着手。横浜に市制が施行される。東海道本線全通（新橋－神戸間）
1890	明治23	米国公使館、赤坂に竣工（日本政府が下関賠償金返還の報謝として土地買収）
1891	明治24	横浜船渠会社創立
1892	明治25	馴導堤竣工。防波堤工事でコンクリートブロック

横浜港関連年表

アメリカ合衆国内の事項には「＊」を付した。

西暦	和暦	事項
1854	安政元	日米和親条約、横浜村で締結
1858	安政5	日米修好通商条約調印（オランダ・ロシア・イギリス・フランスの各国と順次調印）
1859	安政6	横浜開港（長崎・函館も）。波止場築造
1861	文久元	＊南北戦争始まる（65年まで）
1862	文久2	生麦事件
1863	文久3	下関事件(64年まで)。東波止場(フランス波止場)建設
1864	元治元	4国連合艦隊、下関を砲撃。幕府・4国間で償金300万ドル取り決め
1865	慶応元	幕府、下関賠償金支払い開始(66年までに計150万ドル)。＊リンカーン大統領暗殺される
1866	慶応2	関内で火事（慶応の大火）
1867	慶応3	「象の鼻」完成
1868	明治元	神戸・大阪開港。＊シュワード国務長官、下関賠償金審議の必要を議会に訴える
1869	明治2	＊グラント大統領就任（77年退任）
1871	明治4	岩倉具視ら使節団、横浜出港（73年帰国）
1872	明治5	鉄道開業(新橋－横浜間)。＊42議会、下関賠償金免除案件、下院可決
1874	明治7	灯台寮試験灯台竣工。ブラントン築港案天覧。大隈重信、横浜港新築伺い提出。政府、下関賠償金残額150万ドル完済。佐賀の乱･台湾征討。＊グラント、教書で下関賠償金を日米青年の語学教育に活用を提起（43議会）
1876	明治9	＊44議会、下関賠償金返還案件、上院可決（24対20）

横浜港の七不思議——象の鼻・大桟橋・新港埠頭
平成十九年九月十日　第一刷発行
著者　田中祥夫

発行者——松信　裕
発行所——株式会社　有隣堂
本　社　横浜市中区伊勢佐木町一—四—一　郵便番号二三一—八六二三
出版部　横浜市戸塚区品濃町八八一—一六　郵便番号二四四—八五八五
電話〇四五—八二五—五五六三
印刷——図書印刷株式会社

ISBN978-4-89660-200-5 C0221
定価はカバーに表示してあります。
落丁・乱丁本はお取り替えいたします。

デザイン原案=村上善男

有隣新書刊行のことば

国土がせまく人口の多いわが国においては、近来、交通、情報伝達手段がめざましく発達したためもあって、地方の人々の中央志向の傾向がますます強まっている。その結果、特色ある地方文化は、急速に浸蝕され、文化の均質化がいちじるしく進みつつある。その及ぶところ、生活意識、生活様式のみにとどまらず、政治、経済、社会、文化などのすべての分野で中央集権化が進み、生活の基盤であるはずの地域社会における連帯感が日に日に薄れ、孤独感が深まって行く。われわれは、このような状況のもとでこそ、社会の基礎的単位であるコミュニティの果たすべき役割を再認識するとともに、豊かで多様性に富む地方文化の維持発展に努めたいと思う。

古来の相模、武蔵の地を占める神奈川県は、中世にあっては、鎌倉が幕府政治の中心地となり、近代においては、横浜が開港場として西洋文化の窓口となるなど、日本史の流れの中でかずかずのスポットライトを浴びた。

有隣新書は、これらの個々の歴史的事象や、人間と自然とのかかわり合い、ときには、現代の地域社会が直面しつつある諸問題をとりあげながらも、広く全国的視野、普遍的観点から、時流におもねることなく地道に考え直し、人知の新しい地平線を望もうとする読者に日々の糧を贈ることを目的として企画された。

古人も言った、「徳は孤ならず必ず隣有り」と。有隣堂の社名は、この聖賢の言葉に由来する。われわれは、著者と読者の間に新しい知的チャンネルの生まれることを信じて、この辞句を冠した新書を刊行する。

一九七六年七月十日

有　隣　堂

有隣新書〈既刊〉

9 新版 炎の生糸商 中居屋重兵衛 萩原進
10 相模のもののふたち——中世史を歩く 永井路子
17 メルメ・カション——幕末 フランス怪僧伝 富田仁
19 新版 大空襲5月29日——第二次大戦と横浜 今井清一
28 武蔵の武士団——その成立と故地をさぐる 安田元久
29 核とアジア・太平洋——国際会議ヨコスカ 伊藤成彦編
31 都市を考える——横浜国立大学経済学部公開講座 遠藤輝明編
32 日本・人力車旅情 E・R・シッドモア 恩地光夫訳
33 神奈川の石仏——近世庶民の精神風土 松村雄介
34 後北条氏 鈴木良一

36 文明開化うま物語——根岸競馬と居留外国人 早坂昇治
37 メール・マティルド——日本宣教とその生涯 小河織衣
38 ギルデマイスターの手紙——ドイツ商人と幕末の日本 生熊文編訳
39 萬鐵五郎——土沢から茅ヶ崎へ 村上善男
40 南の海からきた丹沢——プレートテクトニクスの不思議 神奈川県立博物館編
41 おはなさんの恋——横浜弁天通り1875年 M・デュバール 村岡正明訳
42 タウンゼンド・ハリス——教育と外交にかけた生涯 中西道子
44 鎌倉の仏教——中世都市の実像 貫達人 石井進編
46 仮名垣魯文——文明開化の戯作者 興津要
47 今村紫紅——近代日本画の鬼才 中村溪男

48 ホームズ船長の冒険 ——開港前後のイギリス商社　横浜開港資料館編　杉山伸也他訳

49 横浜のくすり文化 ——洋薬ことはじめ　杉原正泰　天野宏

51 東慶寺と駆込女　井上禅定

52 相模湾上陸作戦 ——第二次大戦終結への道　大西比呂志　栗田尚弥　小風秀雅

53 フランス人の幕末維新　M・ド・モージュ他　市川慎一　榊原直文編著

54 鶴岡八幡宮寺 ——鎌倉の廃寺　貫達人

55 増補 鎌倉の古建築　関口欣也

56 祖父パーマー ——横浜・近代水道の創設者　樋口次郎

57 北条早雲と家臣団　下山治久

---

58 宣教師ルーミスと明治日本 ——横浜からの手紙　岡部一興編　有地美子訳

59 相模野に生きた女たち ——古文書にみる江戸時代の農村　長田かな子

60 伊豆・小笠原弧の衝突 ——海から生まれた神奈川　藤岡換太郎　有馬眞　平田大二編著

61 横浜山手公園物語 ——公園・テニス・ヒマラヤスギ　鳴海正泰　横浜山手・テニス発祥記念館

62 都市横浜の半世紀 ——震災復興から高度成長まで　高村直助

63 安達泰盛と鎌倉幕府 ——霜月騒動とその周辺　福島金治

64 貝が語る縄文海進 ——南関東、＋2℃の世界　松島義章